**지구를
여행하는
히치하이커를
위한 안내서**

Utter, Earth

Copyright ⓒ 2024 by Isaac Yuen
Image copyright ⓒ 2024 by Julain Montague
All rights reserved.

Korean translation copyright ⓒ 2025 by Haksan Publishing Co., Ltd.
Korean translation rights arranged through EYA Co., Ltd (Eric Yang Agency).

이 책의 한국어판 저작권은 EYA Co., Ltd를 통해 West Virginia University Press 사와 독점계약한
㈜학산문화사에 있습니다.
저작권법에 의해 한국 내에서 보호를 받는 저작물이므로 무단전재 및 복제를 금합니다.

지구를 여행하는 히치하이커를 위한 안내서

Utter, Earth

지구라는 놀라운 행성에서 함께 살아가는 존재에게 보내는 리브레터

아이작 유엔 지음　성소희 옮김

알레

추천의 글

인간과 자연의 관계를 사유하는 방식은 시대에 따라 달라졌다. 한때 정복해야 할 대상이었던 자연은 이제 보호받아야 하는 존재가 되었다. 하지만 《지구를 여행하는 히치하이커를 위한 안내서》는 더 근본적인 질문을 던진다. 우리는 자연을 어떻게 바라볼 것인가? 그리고 자연 속에서 인간은 어떤 위치에 있는가?

저자 아이작 유엔은 생태학과 문학, 철학을 넘나들며 우리가 미처 주목하지 못했던 자연의 존재들을 조명한다. 그 대상은 거대한 숲도, 장엄한 산맥도 아니다. 대신, 그의 시선은 나무늘보처럼 한없이 느린 동물에게, 공룡보다도 오래된 삼엽충에게, 그리고 도시 한구석에 자리 잡은 지의류에게 머문다. 이 책은 익숙하지만 낯선 존재들의 이야기로 가득 차 있으며, 이를 통해 우리가 자연을 대하는 방식이 얼마나 편협했는지를 깨닫게 한다.

저자는 단순히 생태계를 관찰하는 데 그치지 않고, 인간과 비인간 세계의 관계를 깊이 성찰한다. 그는 우리가 지구에서 함께 살아가는 존재들과 공존하는 법을 배워야 한다고 말한다. 그 과정에서 유엔은 과학적 발견과 문학적 감성을 절묘하게 결합하여, 자연을 바라보는 우리의 관점을 확장하는 동시에 감동을 선사한다. 그의 글을 읽다 보면, 마치 오래된 친구와 대화하듯 자연과 교감하는 느낌을 받는다.

이 책의 가장 큰 매력은 저자의 언어다. 유머와 시적 감수성이 결합된 문장은 가볍지만 깊고, 단순하지만 철학적이다. 그는 어떤 생명체도 그 자체로 존중받아야 할 존재임을 강조하며, 우리에게 익숙한 존재들조차 새롭게 바라보게 만든다. 책을 덮고 나면 주변의 나무 한 그루, 길가의 작은 돌조차도 이전과는 다르게 보일 것이다. 참, 책 끝에는 마치 영화 크레딧처럼 등장인물들이 소개된다. 놓치지 마시라. 극장 불이 완전히 꺼질 때까지 앉아계시라.

이 책의 한국어 번역판은 언어유희와 유머로 가득한 원문의 아름다움을 최대한 살리는 동시에, 마치 한국 책을 읽은 듯한 착각에 빠지도록 글을 옮겼다. 자연과 인간의 관계를 다시 생각해보게 만드는 이 책이, 많은 이들에게 새로운 시각을 선사할 수 있기를 바란다. 《지구를 여행하는 히치하이커를 위한 안내서》는 자연을 사랑하는 모든 이에게 깊은 울림을 주는 작품이자, 우리가 사는 세계를 더 넓게 바라보게 만드는 책이다. 이 책을 통해 우리가 자연과 다시 연결될 수 있기를 바란다.

- 이정모,
펭귄 각종과학관장, 전 국립과천과학관장, 《찬란한 멸종》 저자

《지구를 여행하는 히치하이커를 위한 안내서》는 펄쩍 뛰어오르고, 널리 돌아다니고, 깊이 파고든다. 아니면 토끼한다, 영양한다, 코끼리물범한다고 표현해야 할까? 아이작 유엔의 장난기 가득하면서도 세심한 책은 생물학자도, 언어를 사랑하는 사람도 모두 즐겁게 읽을 것이다. 유엔은 꼼꼼하게 빚어낸 웃음과 빈틈없는 글을 통해 레이첼 카슨과 게리 라슨, 로스 게이, 데이비드 세다리스, 데이비드 애튼버러를 섞어놓은 듯한 스타일로 인간보다 더 커다란 세상 속 숨은 사실에 빛을 비춘다. 《지구를 여행하는 히치하이커를 위한 안내서》의 열정과 즐거움은 쉽게 전염된다. 이것이야말로 이 책의 핵심이다. 유엔은 우리가 이 놀라운 행성에서 함께 살아가는 존재와 사랑에 빠지기를, 인

간이 살아가고 숨 쉬고 태어나고 먹고 일하고 돌보는 방식이 가장 우월하지 않으며 수많은 경이로운 존재 방식 가운데 하나일 뿐이라는 사실을 깨닫기를 바란다. 기꺼이 호기심을 발휘한다면 우리도 쇠똥구리와 먹장어에게서 한두 가지쯤 배울 수 있을 테다. 이 책을 읽는 내내 웃음이 터졌다. 내 안의 자연주의자는 방대한 지식과 연구 결과를 그토록 가볍게 노래하는 유엔의 능력에 경의를 보낸다. 부록이나 다름없는 '앞서 언급했고 대부분 생명체인 대상에 관한 간단한 생각'까지 한 페이지도 빼놓지 말고 읽어보라. 책장을 덮을 때쯤이면 당신을 둘러싼 세계를 새롭게 이해할 수 있을 것이다.

– 엘리자베스 브래드필드,
자연주의자이자 《남극을 향해 Toward Antarctica》의 저자,
《캐스케이디아 필드 가이드:
예술, 생태, 시 Cascadia Field Guide: Art, Ecology, Poetry》의 공동 편집자

물고기처럼 떼 지어 모이는 숄링은 다른 이들과 어울리며 함께 세상을 느끼는 일이다. 인간보다 더 커다란 세상을 담은 이 에세이를 읽으면 알 수 있다. 그런데 역시 무리 짓는 일인 스쿨링은 모두 하나 되어 휘몰아치듯 움직이며 응집력으로 다른 이들을 압도하는 일이다. 《지구를 여행하는 히치하이커를 위한 안

내서》에 생기를 불어넣는 힘이 바로 이 스쿨링 정신이다. 이 에세이는 호기심과 장난기, 세심한 마음으로 우리가 속한 세상과 우리를 다시 이으려고 한다. 우리가 인간이 아닌 존재와도 연대한다면, 우리 지식의 한계 너머에서 헤엄치는 모두를 이해하고 더 나아가 찬미한다면, 우리 언어는 어떻게 변할까? 지금은 학교에 가서 공부할 시간이 아니라 스쿨링할 시간이다. 이 책 속 생명체와 함께, 리머와 표범과 잎꾼개미와 웜뱃과 물영양과 누와 함께, 다른 이들과 함께 스쿨링하며 우리 자신을 다시 찾을 시간이다.

- 데이비드 나이먼,
BBC 프로그램 <비트윈 더 커버스 Between the Covers>의 진행자이자 작가

《지구를 여행하는 히치하이커를 위한 안내서》에는 동물과 언어가 살아 숨 쉰다. 흥겹고, 기운 넘치고, 매혹적이다. 유엔은 매력과 유머를 한가득 보태어 글을 쓴다. 자연과 그 속 우리의 위치를 보는 방식을 뒤바꿔 놓을 책이다.

- 제시카 J. 리,
《나무 두 그루가 만든 숲 Two Trees Makes a Forest》과 《분산 Dispersals》의 저자

그곳에서도 자유롭게 바람을 타고 있을
사랑하는 친구, 유종범에게

✦ 본문의 각주는 모두 옮긴이의 주이다.

봄날 **약간의** 광기는
왕에게도 유익하다네,
하나 신이시여 저 광대를 보호하소서,
이 굉장한 광경을
초록의 이 모든 실험을
제 것처럼 생각하는 광대를!
- 에밀리 디킨슨

✦ 차례 ✦

삽화 목록 … 15

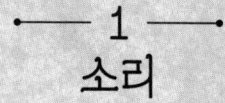
소리

네, 아기 이름을 짓지 않고 퇴원해도 괜찮습니다 … 21
차선이 최선이다 … 35

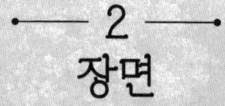
장면

보이지 않는 광경 … 49
앞서 간단히 언급한 102가지, 대부분은 생명체 … 63
완벽한 파티 손님 … 67

— 3 —
접촉

뭉치면 살고 흩어지면 죽는다 … 85
온기가 있어야 집이다 … 97

— 4 —
교류

호흡의 네 단계 … 119
평생 가는 친구 사귀기 … 127
고대의 이상야릇한 생명체가 전하는 지혜 … 141

— 5 —
압박

물고기처럼 논쟁하는 법 … 157
꿈 포기하기 … 167
땅속으로 내려가기 … 181

─ 6 ─
회복

직업 상담 … 197
변신은 불가피하다 … 207

─ 7 ─
존속

마음대로 동물을 만들어보세요 … 225
동물 에세이를 쓰고 싶다고? … 241

부록 … 255
앞서 언급했고 대부분 생명체인 대상에 관한 간단한 생각(알파벳 순서)

감사의 글 … 330

삽화 목록

송골매	⋯21
검은코뿔소 옆모습	⋯35
오카피 옆모습	⋯49
수라카누에나방	⋯63
남방알바트로스 옆모습	⋯67
되새 옆모습	⋯85
가리비	⋯97
삼엽충	⋯119
줄무늬물총고기 옆모습	⋯127
상어의 여러 이빨	⋯141
웰스메기	⋯157
군서슬렌더도롱뇽	⋯167
사막거북 옆모습	⋯181
사시나무 이파리	⋯197
서부개밀	⋯207
가터뱀 옆모습	⋯225
해마 옆모습	⋯241
바다사자 옆모습	⋯255
토마토개구리 옆모습	⋯295

1. 소리

Utter, Earth

웨들바다표범weddell seal은 인간이 들을 수 있는 범위를 넘어서는 소리를 아홉 가지나 낸다. 기니개코원숭이Guinea baboon는 더 좋아하는 무리의 억양에 맞춰서 소리 낼 줄 안다. 유리개구리glass frog는 우레처럼 울리는 폭포 근처에서 더 높은 소리로 울며 미래의 짝에게 손을 흔든다. 걸프코르비나Gulf corvina 수컷이 우는 소리는 물속에서 기관총을 쏘는 소리와 비슷하다. 데시벨 수준도 기관총 소리와 같아서, 산란기에 모여든 물고기 떼가 우는 소리에 근처 해양 포유류가 청력을 잃을 수도 있다. 나방은 귀가 없어서 소리를 들을 수 없지만, 포식자가 먹잇감을 찾아서 쏘아 보낸 음파를 약화시키는 날개 비늘을 가졌다. 박쥐는 소리를 제대로 반사하지 않는 스펀지 벽에 부딪힐 수 있는데, 우리

가 유리문이 열린 줄 알고 걸어 들어가다가 부딪치는 것과 같다. 홀로 바다를 누비는 혹등고래는 화물선과 군함이 빽빽이 들어찬 바다에서 서로 소리를 주고받으려는 노력을 포기한 것 같다. 《혹등고래의 노래 Songs of the Humpback Whale》라는 앨범+은 우주 탐사선 보이저 1호를 타고 2012년 8월에 성간 우주에 이르렀다. 고래의 노래는 골든 레코드 Golden Record++에 기록된 소리 정보 중에서 길들여진 개와 들개, 하이에나의 소리를 들려주는 《지구의 소리 Sounds of Earth》라는 앨범에 실리는 대신, 인간이 55개 언어로 말한 인사말의 배경음으로 섞여 있다. 약 4만 년 후, 탐사선은 기린자리의 별 글리제 445에서부터 1.6광년 이내로 접근할 것이다. 우리가 그저 기린이라고만 아는 동물은 사실 유전적으로 다른 네 종으로 나뉘며, 일부가 밤에 웅얼거리는 소리가 녹음되기도 했다. 연구자들은 이 소리가 코골이 소리처럼 의도치 않게 낸 소리인지, 아니면 어둠 속에서 불안에 떠는 동료에게 전하는 능동적 메시지인지 확신하지 못한다.

+ 해양 생물학자 로저 페인이 고래잡이에 반대하며 발매한 홍보용 앨범으로, 혹등고래가 내는 소리를 녹음해서 앨범으로 제작했다.
++ 외계인에게 보내는 인사와 지구의 각종 정보를 담은 LP 디스크로, 보이저호에 실렸다.

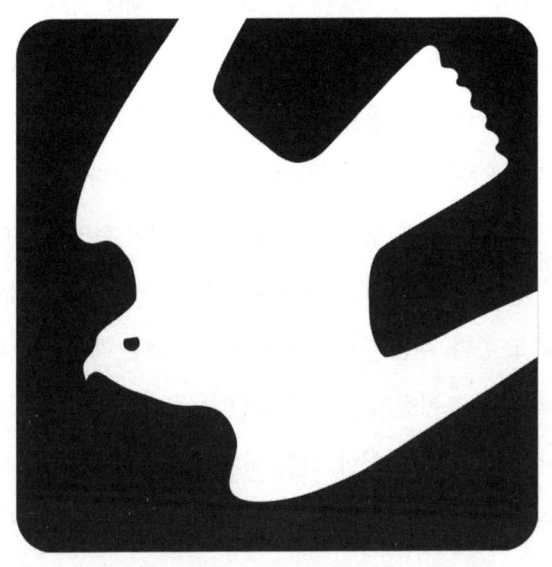

네, 아기 이름을 짓지 않고
퇴원해도 괜찮습니다

출생증명서를 제출해야 하는 기한은 최대 2주이지만, 만약 독일에 거주한다면 최대 3개월까지 미적거리며 곧 걸음마를 시작할 아이의 이름을 고민할 수 있다. 그 기한까지 이름을 정하지 않으면 국가가 정해준다. 그렇다고 들었다. 어쨌거나 시간을 들여서 이름을 신중하게 선택하는 편이 현명할 테다. 어떤 아기는 엄마 배 속에 있을 때와 세상에 나왔을 때 이름이 달라지기도 한다. 수많은 아기 이름을 소개하는 책을 읽으며 에마에 밑줄을 그어뒀지만, 지금 당신 품에 고이 안긴 아기의 이름은 버너뎃일 수도 있다. 다들 이처럼 사소한 변덕은 너그러이 눈감아주길. 엄마의 자궁에는 양수가 가득 차 있어서 소리를 똑똑히 듣기 어렵기에 '리엄'은 엄마 배 속에서는 부드럽게 속삭였을지도 모르지만, 태어나면 폭풍처럼 커다란 소리로 울어댈 수 있다. 당신이 '리-햄'이라고 불러서 주의를 돌려야 울음을 그칠 것이다. '햄'이라고 외치는 소리에 까르르 웃음이 한바탕 터질 수 있고, 어쩌면 해미, 햄스터, 심지어 해멀롯의 햄햄 경 같은 별명이 줄줄이 이어질지도 모른다. 그렇다고 들었다.

　물론, 당신은 다른 사람에게 당신의 의지를 강요할 수 있고, 무엇이든 새로이 탄생한 대상에 당신의 희망과 꿈을 박아 넣을 수 있다. 관계를 맺기에 가장 쉬우면서도 가장 불공평한 방식이다. 자아가 비대한 유명인은 이런 일을 자주 저지른다. 가여운 자녀에게 '애플'처럼 친숙한 과일 이름을 붙이거나, 브랜드 이름을 무슨 뜻이든 될 수 있으면서 동시에 아무 뜻도 없는 '굽Goop'✦으로 정한다. 결별한 어느 유명인 부부가 자식 이름을 헌정한 대상에는 정찰기 프로토타입도 있고(일론 머스크의 전 부인은 아들 이름에서 비행기 명칭보다 먼저 나오는 글자 'Æ'가 "인공지능을 의미하는 엘프어 철자"라고 설명했다✦✦), 셈어Semitic languages✦✦✦ 자모의 음절을 사용해 이름을 짓기도 한다(적어도 알레프 포트먼밀피에Aleph Portman-Millepied✦✦✦✦는 앨Al이나 앨프Alf처럼 꽤 괜찮은 별명을 얻을 수 있다. 야구선수 이름을 따라 알폰소 소리아노Alfonso Soriano라고 불릴 수도 있고, 심지어 옛 시트콤 등장인물을 따라서 폰즈Fonz라고 불릴지도 모른다. 그런데 이 마지막 별명을 받아들여서 소화할 만큼 순한 아이는 드물다✦✦✦✦✦).

    ✦   미국 속어로 버릇없거나 행실이 못된 사람을 가리킨다. 배우 기네스 펠트로의 패션 브랜드이자 라이프스타일 사이트 이름이다.
    ✦✦   일론 머스크와 가수 그라임스는 아들의 이름을 'X Æ A-12'로 지었다. 여기서 'A-12'는 머스크가 가장 좋아하는 비행기로, 고속 정찰기 SR-71의 원형인 실험 기체다.
    ✦✦✦   북아프리카에서 서남아시아에 걸쳐 쓰이는 여러 언어를 가리키며, 아랍어와 히브리어 따위가 속한다.
    ✦✦✦✦   알레프 포트먼밀피에는 배우 나탈리 포트먼과 안무가 뱅자맹 밀피에의 아들이다. '알레프'는 히브리어 알파벳의 첫 글자를 가리킨다.

야생으로 나가면 이름을 붙이는 데 주의를 덜 기울이기 마련이다. 버섯도 너무나 많고 바구미도 너무나 많으니 이해할 만하다. 게다가 어느 군group과 가깝거나 계통군clade에서 갈라져 나온 모든 존재는 생명체를 집대성한 카탈로그에서 한 자리씩 차지할 자격이 있다. 과로에 시달리는 분류학자는 이름을 130만 개나, 그것도 흔히 불리는 속명과 라틴어로 된 학명까지 두 개씩 고안하는 임무를 맡았으니, 뇌에 이끼가 잔뜩 끼어서 더 독창적인 이름을 떠올리지 못할 것이다. 그러다 보니 일부 분류학자는 역으로 유명인의 이름을 사용하는 방식에 의존하게 되었고, 그 결과 세상은 케이트윈즐릿딱정벌레Kate Winslet beetle라는 아름다운 이름을 가진 곤충을 갖게 되었다. 이 딱정벌레는 절대 파도 아래로 가라앉지 않겠지만, 코스타리카의 열대우림이 풀밭으로 바뀐다면 사라질지도 모른다. 보노의조슈아트리문짝거미Bono's Joshua Tree trapdoor spider도 있다. 이 거미는 아마 자기 이름의 기원이 된 U2의 앨범을 들어본 적이 없겠지만, 그래도 비포장도로에 이름 없는 사막의 국립 공원에서 빠르게 움직이며 살아가고 있을 것이다.♦♦♦♦♦♦

♦♦♦♦♦ 미국 시트콤 <해피 데이즈Happy Days>의 캐릭터 폰즈는 섹시하고 마초적인 남성의 대명사였다.

이름을 정하지 못해서 곤경에 빠졌다면 옛날이나 요즘의 유명 인사 이름을 활용하는 방법도 해결책이 될 수 있다. 최근에는 다윈이나 애튼버러가 유행이다. 존경받기는 해도 제대로 평가받지는 못한 프리드리히 빌헬름 하인리히 알렉산더 폰 훔볼트 Friedrich Wilhelm Heinrich Alexander von Humboldt에게 경의를 표하며 이름을 빌릴 수도 있다. 박학다식했던 이 19세기 프로이센 학자는 태양 아래 숱한 존재가 자신의 이름을 땄다는 사실을 과연 기뻐할지 잘 모르겠다. 훔볼트라는 이름을 얻은 대상의 목록에는 목이 하얀 펭귄과 돼지코를 단 스컹크뿐만 아니라 바다의 생산성을 북돋우는 해류, 달에 있는 커다란 크레이터crater, 우주를 돌아다니는 소행성 한 쌍까지 있는데 기쁘지 않을 이유가 있을까? 이 박물학자와 알고 지낸 사이가 아니어서 그가 이름표를 열광적으로 늘어놓는 찬사를 겸손하게 받아들일지, 아니면 자신이 사방에서 보았던 광채를 표현할 상상력이 부족한 데에 격분할지 가늠하기 어렵다. 훔볼트 가문의 천재 언어학자이자 마찬가지로 이름이 매우 긴 형 프리드리히 빌헬름 크리스티안 카를 페

✦✦✦✦✦✦ 이 거미는 실제로 미국의 죠슈아트리 국립 공원에서 발견되었다. U2는 미국을 여행한 경험을 바탕으로 《조슈아 트리》(1987) 앨범을 만들었고, 첫 번째 수록곡이 <길에 이름이 없는 곳Where The Streets Have No Name>이다.

르디난트 폰 훔볼트Friedrich Wilhelm Christian Karl Ferdinand von Humboldt는 죽어가면서 그 찬란한 빛을 간결하게 표현했다. 이 빛은 얼마나 특별한가! 지구에서 하늘로 손짓하는 것 같구나!*Wie großartig diese Strahlen! Sie scheinen die Erde zum Himmel zu winken!*

이름을 지을 때 주의를 쏟지 않으면 가치를 경솔하게 매기는 큰 잘못을 저지른다. 레서쿠두lesser kudu는 파르메산 치즈 스틱처럼 나선형으로 배배 꼬인 뿔을 가졌는데도 친척 그레이터쿠두greater kudu보다 초라하고 볼품없다고 할 수 있을까?⁺ 레서군함조lesser frigatebird는 목이 붉은 동족 큰군함조greater frigatebird나 아메리카군함조magnificent frigatebird와 함께 상승기류를 타고 날아오르는데도 하급이나 이류, 저급으로 분류되어야 할까?

물론, 크기가 작아서 그런 이름을 붙였다고 이유를 대겠지만, 대체로 이런 말은 게으름을 가리려는 변명이다. 애기족제비least weasel⁺⁺는 몸무게가 동전 한 줌만큼 가볍지만, 덩치가 열 배나 큰 먹잇감과 맞붙는 재주와 새끼 토끼의 척추뼈를 정확히 물

⁺ '레서lesser'는 더 작거나 못하다는 뜻이고, '그레이터greater'는 더 크거나 대단하다는 뜻이다.
⁺⁺ '리스트least'는 가장 작다는 뜻이다.

어서 잘라내는 솜씨를 보면 칭찬받아 마땅하다. 제비갈매깃과의 리스트턴least tern 역시 몸집만 작을 뿐, 어떤 면을 보아도 하찮지 않다. 이 50그램짜리 털 뭉치는 물고기를 잡아먹으며 미국 네브래스카주에서 브라질의 세아라주까지 너끈히 왕복할 수 있다. (리스트턴도 본명보다 별명이 더 잘 어울리는 경우다. '작은 스트라이커'라는 별칭은 누구든 둥지를 침입하면 곤두박질치며 똥 폭탄을 퍼붓는 습성을 잘 보여준다.) 우리는 꼬마해오라기least bittern가 인간이 붙인 이 모욕적인 이름에 분통을 터뜨리지 않을 만큼 그릇이 큰 것에 감사해야 한다. 봄철 내내 부르는 노랫소리에 억울한 기색이 전혀 없는 걸 보면, 이 새는 너그러운 모양이다.

때로는 작디작은 몸집이 곧 살아남는 길일 때도 있다. 덩치가 작으면 더 커다란 먹잇감을 노리는 수많은 포식자들에게 목표물로 인식되지 않을 수 있다. 만약 여우를 대상으로 닭 품종 선호도를 조사한다면, 다늘 번거롭게 세라미반담Serama bantam+++ 십여 마리를 잡아서 털을 뽑느니 저지자이언트Jersey giant 한 마리로 실컷 배를 채우겠다고 대답할 것이다. 밍크 농장주도 모피 코트 한 벌을 만드는 데 생가죽이 얼마나 필요한지 먼저 계산기를 두드린 다음, 더 커다란 종을 기반으로 사업을 시작하

+++ 세상에서 가장 크기가 작은 닭 품종.

기로 결정할 것이다. 크레타난쟁이매머드Cretan dwarf mammoth나 캘리포니아 채널 제도에 살았던 피그미매머드Channel Island mammoth처럼, 조너선 스위프트의 소설《걸리버 여행기》속 난쟁이 나라 릴리퍼트 같은 환경에서 사는 경우에도 자그마한 몸집이 유리할 수 있다. 조그마한 매머드는 줄곧 먹이를 찾는 데 헤매는 시간을 줄이고 바다 풍경을 더 오래 즐기는 데 더 많은 시간을 할애할 수 있었다. 하지만 칼로리 섭취가 줄어들면 좋다고 이러쿵저러쿵 말해봤자, 땅 밑의 이웃 동물 사이에서 북아메리카호러쇼라고 불리는 북아메리카꼬마땃쥐North American least shrew에게는 전혀 통하지 않을 것이다. 땃쥐의 심장은 분당 800회나 뛰기 때문에 끝없이 먹어야 심장 혹사로 인한 죽음을 피할 수 있다. 그래서 땃쥐는 마주치는 먹이가 지렁이든, 쥐며느리든, 운 나쁜 도마뱀이 간신히 목숨을 부지하느라 버리고 간 귀중한 꼬리든 전혀 신경 쓰지 않고 날마다 자기 몸무게보다 더 많은 먹이를 먹어 치운다. 만약 이 땃쥐를 꼬마라고 부른다면, 세상 모든 곰도 꼬마 곰이라고 불러야 한다. 땃쥐는 한겨울에도 거리낌 없이 벌집에 슬그머니 숨어들어 너무 느릿해서 공격을 막지 못하는 벌떼의 머리를 물어뜯고 가슴을 우적우적 씹으며 잔뜩 배를 불린다. 땃쥐가 떠난 자리에 짓이겨진 날개와 흩어진 배만 남은 것을 보고 양봉업자는 경악하며 전기 울타리와 겨울잠 법칙이

벌을 안전하게 지켜주리라는 믿음이 헛되었다는 사실을 깨닫는다.

이름에 그레이터, 레서, 리스트라는 말을 붙이는 문제로 다시 돌아오자. 당신은 왜 이름을 갖고 사람들을 들쑤시냐고 물을지도 모른다. 고작 이름이 뭐길래 이러는지 의문스러울 테다. 하지만 이름은 신성하며, 이름 짓기는 신성한 행위라는 게 이 평자의 의견이다. 그러니 그나마 나은 경우 무심해서, 최악의 경우 악의에 차서 크기와 결함을 구별하지 않고 이름을 붙이는 사람들, 그래서 레서귀없는도마뱀lesser earless lizard이나 레서원숭이올빼미lesser sooty owl, 작은아기사슴lesser mouse-deer 같은 이름을 붙이는 사람들이 얼마나 거슬리겠는가. 호박색 유리병에 보존된 표본이나 종이가 누렇게 바랜 구닥다리 논문을 열렬하게 떠받들 뿐, 마음에 큰 공감 없이 일하는 단호한 신봉자일 가능성이 높다. 그런 사람들은 결국 우리에게 남는 것이 이름뿐이라는 사실을 깨닫지 못할 것이다. 작은 특징에 조금만 더 주의를 기울여서 사려 깊게 이름을 지었다면, 수많은 존재의 마지막 운명을 받아들이기는 더 수월해지고 잊어버리기는 더 어려워진다는 사실을 몰랐을 것이다. 그랬더라면 레서마스카렌날여우박쥐lesser Mascarene flying fox나 소앤틸리스 제도의 레서앤틸리스비단털쥐Lesser Antillean rice rat의 운명은 쉽사리 잊히지 않았으리라. 레서마스카렌날여우박쥐는 한때 나무 구멍에 모여서 살았지만 연기를 피워 사냥하는 수법의 손쉬운 먹잇감이 되어 멸종하고 말았다. 레서앤틸리스비단털쥐는 알려진 것도 거의 없는데, 명성도 서식지도 줄어들더니 별다른 소동도 없이 눈 깜짝할 새에 세상에서 사라지고 말았다. 레서빌비lesser bilby 같은 경우도 있다. 레서빌비는 꼬리가 하얗고 귀가 토끼처럼 기다란 반디쿠트bandicoot✢인데, 1950년대에 오스트레일리아 오지에서 자취를 감추었다. 몸집도 더 크고 온순한 친척 그레이터빌비greater bilby와는 정반대로 억세고 사나웠지만, 이런 기백도 몸이라는 그릇에 담기지 않고서는 살아남을 수 없었다. 가슴 아플 정도로 밋밋한 이름을 제외하면, 레서빌비에 관해서 유일하게 명확한 사실은 오스트레일리아 북부 노던준주의 공식 서류가 입증하듯이 앞으로 처지가 영원토록 변함없으리라는 것이다. 서류의 마지막 문장이자 묘비명은 다음과 같다. "보존 관리 계획을 추가로 세우더라도 더는 소용이 없다."

> ✢ 오스트레일리아에 사는 유대류marsupial 동물로 빌비는 반디쿠트과에 속한다.

만약 당신이 새로 나타난 존재에 이름을 붙여야 한다면, 어느 정도 친절을 담아 이름을 짓기를 바란다. 순간의 충동적인 마음으로 이름을 짓지 않았으면 한다. 이름을 잘 짓는 사람은 생애의 철에 따라, 생김새와 노래, 털이나 뿌리를 통해 그 대상을 이해함으로써 이름을 제대로 지을 수 있다는 사실을 안다. 그렇다고 실수할까 봐 너무 조바심 내지 않기를. 근사한 이름을 짓는 사람보다 유연한 마음가짐으로 지난 실수에서 기꺼이 배우고 잘못을 고치는 사람이 더 낫다. 이것은 대부분의 고생물학자들이 연구 활동 중에 배우는 기술이다. '살아 있음'이나 '온전함'처럼 생물이라고 하면 다들 당연하게 여기는 특징들이 전혀 없는 생명체들과 끊임없이 씨름해야 하기 때문이다. 개방적인 학자들이 이름을 돌에 새기듯 돌이킬 수 없게 확정하는 대신, 필요하다면 화석이 된 생물의 특징에 더 잘 맞도록 바꾸는 모습에서도 배울 점이 많다. 예를 들어 베를린에 전시된 *브라키오사우루스Brachiosaurus*는 탄자니아의 *기라파티탄Giraffatitan*으로 이름이 바뀌었다. 이 공룡의 이름으로는 유럽의 '팔 도마뱀'보다 아프리카의 '거대 기린'이 진실에 더 가깝다는 데 다들 동의할 테니,⁺⁺

⁺⁺ '팔 도마뱀'은 브라키오사우루스라는 이름의 뜻이고, '거대 기린'은 기라파티탄이라는 이름의 뜻이다.

개명이 최선이었을 것이다. 사고방식이 유연하면 풍요로운 문화와 신화를 활용해서 낡은 자아와 케케묵은 전통을 넘어서려고 애쓰는 세상을 반영하는 데도 도움이 된다. 예를 들자면, 하그리푸스 기간테우스Hagryphus giganteus는 이집트 신화 속 서쪽 사막의 신에 사자와 독수리를 뒤섞은 고대 그리스의 상상 속 동물을 결합한 이름이다. 우그루나알루크 쿠욱피켄시스Ugrunaaluk kuukpikensis는 '콜빌강의 고대 초식동물'이라는 뜻으로, 별로 관계도 없는 라틴어가 아니라 까마득한 과거에 이 공룡이 살았던 알래스카에서 여전히 생생히 쓰이는 이누피아크어Iñupiaq로 지어졌다.

물론, 다른 누군가가 이름을 지어주는 것보다 스스로 이름을 찾아내는 편이 더 낫다. 내 존재의 본질을 포착하는 이름, 그저 많이 불리기보다는 나를 분명하게 드러낼 이름을 오래도록 찾아 헤매서 힘들게 싸워 얻어내는 편이 더 낫다. 우리가 브리슬콘소나무bristlecone pine라고 이름 붙인 존재가 오랜 세월 동안 가지를 뻗는 모습이나 사람들이 단순히 송골매peregrine라고 아는 존재가 보여주는 품위 있는 자태가 꼭 어울리는 예를 보여준다. 이름을 스스로 지어서 받아들인다면, 그 어떤 외부 세력도 마음대로 사용할 수 없다. 그 이름을 아무리 눈에 띄지 않게 숨기더라도, 공식 법령으로 지우거나 마땅한 지위에 미치지 못하는 부류로 집어넣으려고 애쓰더라도 소용없다. 이런 자아를 일궈내려면 자기 자신을 성찰하고 그를 토대로 실천하는 삶을 살아야 하는데, 자아 형성을 위한 탐구는 고단하다. 가끔은 우리가 찾아낸 이름이 긴 노래 속 단 하나의 음일 때가 있다. 그런 이름은 오직 알맞은 순간에만 완전히 모습을 드러낸다. 예를 들어 하찮은 애벌레는 번데기 고치에서 나와야 비로소 부탄제비나비Bhutan glory가 되고, 다이앤의심장이보이는유리올챙이는 변태 과정을 거쳐야 다이앤의심장이보이는유리개구리Diane's bare-hearted glass frog가 되며, 대양백합Icelandic cyprine은 500년 동안 바닷속을 떠다니면서 탄산염으로 껍데기를 한 번에 한 테두리씩 만들어야 걸작 같은 모습이 완성된다. 어쩌면 스스로 지은 이름은 확실하게 정해진 것이 아닐지도 모른다. 금고에 고이 모셔둬야 할 티끌 하나 없는 보석이라기보다는 숨결, 물, 끝없이 흘러서 움직이고 변화하며 진행 중인 과정, 삶 자체를 위해 살아가면서 소리 내는 말의 어른거리는 빛에 더 가까울 것이다. 이 일, 이 존엄성, 이 가치는 누구도, 그 누구도 빼앗을 수 없다.

차선이 최선이다

때로는 정상을 차지했다고 해서 좋지만은 않다. 어느 날 벵골 출신 수학자가 당신을 세상에서 가장 높은 산으로 선언하더니, 곧 당신에게 영국인 측량사를 기리는 이름이 붙었다고 생각해보라. 그러면 자연스레 관광객이 당신을 기어오르기 시작할 것이다. 관광객이 당신의 북쪽과 남쪽 사면을 타고 올라가면서 텐트와 산소 탱크와 꽁꽁 언 시신을 끝없이 남겨둘 것이다. 끔찍하다. 때로는 정상보다 200여 미터 아래에서 조심스럽게 이미지를 가꾸는 편이 더 낫다. K2는 이 편을 선택하고 포스코 마라이니Fosco Maraini에게 수년 동안 서서히 마법을 걸었다. "오직 이름의 뼈대만," 이 이탈리아 등반가는 지구에서 두 번째로 높은 산봉우리에 관해 열변을 토한다. "바위와 얼음과 폭풍과 심연만 존재한다. 이 봉우리는 인간의 소리를 내려고 하지 않는다. 이 봉우리는 원자이자 별이다. 최초의 인간 앞에서 벌거벗은 세상을, 혹은 최후가 지나가고 잿더미가 된 행성을 있는 그대로 드러낸다."✦ 당신이 세상에 보여주려고 그토록 공들여 만든 페르소나를 누군가가 시간을 들여 이해해줄 때만큼 기분 좋은 일도 없다. 게다가 마라이니의 글은 심오하고 강렬하다.

✦ 마라이니의 여행기 《비밀스러운 티베트Secret Tibet》에 나오는 구절이다.

확실히, 명성이 생겨나는 데에는 그럴싸한 이유가 없다. 육상을 군림한 최초의 지배파충류archosaur로 올라선 존재는 위악류pseudosuchia++다. 그런데 대체 공룡이 무엇을 했다고 온 세상에서 환호받는 걸까? 단단한 갑옷을 두른 아이토사우루스Aetosaurus를 본떠서 만든 봉제 인형은 없다. 트라이아스기의 티라노사우루스라고 할 만한 사우로수쿠스Saurosuchus를 다루는 책도, 영화도 없다. 드로미코수쿠스Dromicosuchus라는 길고 어려운 이름을 발음하려고 애쓰는 다섯 살짜리 아이도 드물다.+++ 다만 이 악어들은 모두 일부러 스포트라이트를 피하는 것 같다. 아무래도 어둠 속에 몸을 감추고 있다가 이빨을 드러내고 씩 웃는 특유의 모습으로 최후의 승리를 자랑하는 편을 더 좋아하나 보다. 악어는 주목받지 못하지만, 록스타나 다름없는 친척인 공룡보다 더 오래 살아남았다. (엄밀히 따지자면 새도 공룡이다. 하지만 우리 지역에 사는 카이만caiman++++에게 이 사실을 알려주고 싶지는 않다. 악어가 이 작은 승리를 마음껏 즐기게 내버려두는 게 낫다.)

++　악어 및 악어와 비슷한 멸종 동물을 포함하는 분류군.
+++　아이토사우루스와 사우로수쿠스, 드로미코수쿠스 모두 위악류다.
++++　중남미 열대지방에 많이 서식하는 파충류 악어목의 동물.

가끔은 최고가 최악일 때도 있다. 와피티사슴wapiti은 사시나무 새순을 먹고 근사하게 뻗어 올린 소중한 뿔 때문에 목이 실내 장식으로 걸리기도 한다. 사냥꾼은 사슴의 발정기가 끝날 때까지 기다렸다가 자연스럽게 떨어져 나온 뿔을 손쉽게 줍기만 해도 된다는 사실을 지극히 잘 알면서도 살아 있는 동물을 사냥한다. 코뿔소 역시 원하지도 않았던 명성 탓에 파멸에 이르렀다. 광신적 인기를 얻는 성공 공식의 비밀이 거의 밝혀졌다는 게 얼마나 안타까운지. 잔인한 공격에 꿈쩍도 하지 않을 만큼 가죽이 두꺼우면서, 동시에 모두에게 사랑받는 코가 긴 코끼리 밑에 있을 만큼 겸손하면 된다. 그러나 불행하게도 북부흰코뿔소northern white rhinoceros는 얼굴에 달린 뿔 때문에 받지 말았어야 할 관심을 끌고 말았다. 주둥이의 케라틴 덩어리 두 개가 밀렵꾼이 탐내는 대상이자 코뿔소가 비참해지는 원천이 되리라고 누가 예상했을까? 이제 얼마 지나지 않아서 이 질문에 답하는 것도 무의미해질 것이다. 이제 얼마 지나지 않아서 북부흰코뿔소의 마지막 모녀 관계인 나진Najin과 파투Fatu는 이승의 경계를 넘어서 지난날 반려이자 아버지인 수단Sudan을 만나러 갈 것이다.

때때로 차선으로도 충분하다. 독성이 강한 정도를 따졌을 때 동부갈색뱀eastern brown snake은 내륙타이판Inland taipan에 밀리는 2등이다. 그러나 동부갈색뱀은 포악한 성질과 빠른 속도로 이를 보완하기 때문에 극도로 치명적이다. 드문 경우이기는 하지만, 이 뱀이 배로 나아가는 속도는 발로 뛰어가는 속도보다 더 빠를 수도 있다. 트리니다드모루가스콜피온Trinidad Moruga scorpion과 코모도왕도마뱀고추Komodo dragon pepper가 스코빌 지수✦로 경쟁한다면, 단 하나만 최고로 매운 고추 자리를 차지할 것이다. 하지만 정신이 멀쩡한 사람이라면 둘 다 맛보려고 하지 않을 테고, 혹시 둘 다 맛보더라도 몇 시간이나 혀가 마비되고 숨을 제대로 쉴 수 없을 테니 정신이 멀쩡하지 못할 것이다. 때로는 유일한 *최고*가 되는 것이 아니라 *그저 높이* 올라가는 것만이 중요하다. 머릿속에 육즙 풍부한 오징어를 양껏 먹고 싶다는 생각밖에 없을 때가 그렇다. 이런 충동을 잘 보여주는 동물이 향유고래다. 향유고래는 오징어 몸통과 다리를 쉴 새 없이 게걸스럽게 삼킨다. 날이면 날마다 바닷속 1.5킬로미터 아래로 벽돌처럼 네모난 머리를 들이밀고 옛날 옛적 무서운 이야기에 곧잘 나오는 두족

✦ 매운맛을 나타내는 지수.

류cephalopod⁺를 걸신들린 듯이 먹어댄다. 하지만 최고 기록을 숱하게 보유한 챔피언인 이 고래—이빨이 있는 포식자 종 가운데 가장 몸집이 크고, 세상에서 가장 시끄럽고(로켓 엔진과 대결해도 밀리지 않는다), 문학 작품에서 가장 악명 높은 알비노 수컷⁺⁺—도 있는 힘껏 노력해야 겨우 동메달을 낚아챌 수 있다. 향유고래를 제친 남방코끼리물범southern elephant seal과 민부리고래Cuvier's beaked whale는 덩치가 더 작지만, 두족류 먹이를 향한 광적인 열정에 훨씬 더 깊이 뛰어든다.

완벽주의자라면 나보다 더 나은 이가 언제나 존재하리라는 사실을 받아들이는 것이 실패처럼 느껴질 수 있다. 하지만 외부 지표 없이 어떻게 자기 가치를 평가할 수 있을까? 내 기록을 빼앗는 이에게 집착하는 대신 무엇을 할 수 있을까? 물론, 누구도 가장 높은 고도에 사는 포유류 왕관 자리를 내준 큰귀우는토끼large-eared pika만큼 너그러울 수는 없다. 큰귀우는토끼를 제치고 정상을 차지한 노란엉덩이잎귀쥐yellow-rumped leaf-eared mouse는

　⁺　머리에 발이 붙은 연체동물로, 오징어나 꼴뚜기, 낙지 따위가 있다. 서양에서는 두족류를 꺼려서 바다 괴물을 두족류로 묘사하곤 했다.
　⁺⁺　허먼 멜빌의 소설 《모비 딕》속 향유고래 모비 딕을 가리킨다.

아르헨티나와 칠레 사이 유야이야코 화산에서 해발고도가 약 6,500미터 이상의 산비탈에 자리 잡고 어렵사리 살아간다. 우리 대다수는 그다지 강인하지 못해서 이처럼 등급이나 지위가 떨어진 것 같으면 충격받고 자존심에 커다란 상처를 입는다. 날렵하고 매끈한 몸으로 가장 빠르게 난다고 자주 칭송받는 유럽칼새common swift는 시속 70킬로미터로 날아다니며 이만하면 충분히 1등 할 수 있겠다고 생각했을 것이다. 그런데 브라질자유꼬리박쥐Brazilian free-tailed bat는 비막飛膜+++과 손가락뼈와 주름진 입술까지 퍼덕이며 땀 한 방울 흘리지 않고 시속 100킬로미터를 가뿐히 넘긴다. 여기에 교훈이 있다. 칼새는 자기가 1등이 아니라는 사실을 아무렇지 않게 받아들인다. 어쨌거나 개의치 않고 미끄러지듯 날아다니면서 저녁거리로 파리를 삼킨다. 그 덕분에 칼새는 치타가 빠진 함정을 피했다. 치타의 삶은 400미터 경주에서 금메달을 따는 일 위주로 돌아간다. 오로지 속도에만 마음을 쓰는 치타는 대형 고양잇과로서 낙제나 다름없다. 사자나 표범 같은 친척처럼 발톱을 발 살점 사이로 감추지도 못하고 위엄 있게 포효하지도 못한다. 치타가 가젤을 잡으면 사자나 표범이 다가와서 빼앗아 가곤 하지만, 단거리 챔피언은 숨을 헐떡이

+++ 활공이나 비행하는 척추동물의 앞다리나 뒷다리에 있는 막으로, 박쥐나 하늘다람쥐에게 있다.

며 무기력하게 지켜볼 수밖에 없다.

신부가 아니라 신부 들러리가 되어서 가장 좋은 점은 어느 한 대상에게만 전적으로 얽매이지 않아도 된다는 것 아닐까. 오늘날처럼 급격하게 변화하는 혼란의 시대에서는 그 어느 분야에서도 최고가 아니더라도 다양한 분야를 제법 잘하는 것이 장점일 수 있다. 판다와 코알라, 제왕나비monarch butterfly는 각각 귀한 대나무와 유칼립투스 이파리의 영양분, 애벌레를 건강하게 키우기에 가장 좋은 유액이 있는 박주가리를 찾는 법을 다루는 고급 잡지의 표지를 장식할 수 있다. 하지만 인류세anthropocene✦에서 주연을 맡을 존재는 제멋대로 문을 따는 미국너구리와 푸들을 낚아채는 코요테와 발전소 저수조 입구를 막는 해파리일 것이다. 이처럼 아무짝에도 쓸모없는 녀석들은 무슨 일을 하든 조금도 주목받지 못하겠지만, 결국에는 중요한 일을 한 가지 해낸다. 바로 어리석은 이웃 곁에서 번성하는 일이다. 이 이웃은 자기가 세상을 얼마나 엉망진창으로 만들었는지 모르고, 자기가 정당한 몫보다 더 많이 소비하고 있다는 사실에 무지하고, 욕망

✦ 인간 활동이 지구 환경을 바꾸는 지질 시대.

을 자제하지 못하고, 옆집 존스 가족을 따라잡는 데 집착하다가 오래전에 온 마을 사람이―존스 가족까지도―떠나고 없다는 사실을 깨닫지 못한다. 왜 다들 떠났냐고? 이웃의 결점마저 장점으로 받아들일 만큼 유순한 이가 아니라면 누가 이렇게 고압적인 존재 곁에서 살고 싶을까? 산업혁명 동안 그을음으로 위장한 채 살아남았던 영국 맨체스터의 회색가지나방peppered moth이나 도로에 호두를 올려놓고 지나가는 트럭이 깨주기를 기다리는 일본 센다이의 까마귀, 노르웨이 농지 출신이지만 더 더운 인도 도시에서 번성하려고 내부 화학 조성을 바꾸는 흰토끼풀이 아니라면 누가 견딜 수 있을까? 이런 동식물을 장점이 별로 없는 잡초나 유해 동물로 여기는 사람들도 있겠지. 하지만 적응하는 능력은 수치로 파악하기에는 너무나 까다로운 요소다. 적응해서 살아남으려면 1등이 되겠다는 생각, 심지어 2등이 되겠다는 생각까지 철저히 멀리하고 성취 그 너머를 보며 화려한 업적 뒤에 숨은 존재를 인정할 줄 알아야 한다. 이는 세상을 완전히 다르게 이해하는 방식을 찾아야 한다는 뜻이기도 하다. 비교에 덜 집중하고, 기록 달성을 덜 떠받들고, 경이로움과 호기심으로 달리는 생각의 기차에 더 자주 올라타야 한다. 마다가스카르토마토개구리Madagascar tomato frog는 언제 덩굴에서 익은 듯한 붉은 피부색을 갖게 되었을까? 스프링복springbok은 왜 자꾸 네

다리를 쭉 뻗고 등을 둥글게 말아서 펄쩍펄쩍 뛰어다닐까? 고래따개비는 요동치는 광대한 바닷속에서 어떻게 최고의 혹등고래 부동산을 확보하는 걸까? 누군가가 이런 생명체나 이들의 행동을 어리석고 쓸모없다고 무시하려 한다면, 웃으면서 정말 그렇다고 맞장구치자. 그리고 우리가 우리 자신을 아무리 다르게 보려고 애쓰더라도 우리 역시 어리석고 쓸모없다고 인정하자. 아무리 우리 마음대로 고치려고 힘쓰더라도 여전히 경이로움으로 가득하고, 너무나 유쾌하게 하찮고, 너무나 철저하게 필수 불가결한 세상에 우리가 운 좋게 살고 있을 뿐이라고 말하자.

2. 장면

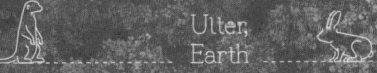

붕어는 산소가 없는 물을 헤엄쳐서 지나갈 때 잠시 눈이 멀기도 한다. 민털두더지쥐naked mole rat는 보통 식물과 관련된 과당fructose 공급 대사를 이용해서 산소 없이 18분을 버틸 수 있다. 벌새는 방금 먹은 꿀을 곧장 연료로 써서 공중에 떠 있는다. 애나벌새Calypte anna 수컷의 목 깃털은 보는 각도에 따라 색깔이 달라지는데, 수컷은 깃털이 암컷의 눈에 가장 잘 띄는 분홍색으로 보이도록 태양 반대 방향으로 내보인다. 야행성인 쇠똥구리는 은하수에서 흘러나오는 빛에 의지해서 직선으로 쇠똥을 굴린다. 어두컴컴한 환경에서 살아가는 장님동굴테트라blind cave tetra는 머리가 왼쪽으로 굽어 있어서 시계 반대 방향으로 헤엄친다. 오늘날 먹장어는 먼 옛날 조상의 눈이 있던 자리가 살점으로 덮인 채 불투명한 반점만 남아 있다. 오징어는 시신경이 망막 뒤로 연결되어 있어서 빛을 감지하는 광수용기층photoreceptor layer을 방해하지 않는다. 그래서 오징어는 척추동물과 달리 눈에 맹점+이 없다. 갑오징어는 색맹이지만, W자 모양의 넓은 동공으로 이를 보완한다. 색수차++를 극대화하는 이 동공은 시각을 왜곡해서 색상 정보를 파악한다. 캘리포니아두점박이문어California two-spot octopus는 중추신경계를 이용하지 않고도 피부를 통해 밝기의 변화를 감지할 수 있다. 편형동물+++인 플라나리아는 몸이 잘리기 이전이나 잘린 이후에 빛을 거부하며 멀어지려 한다. 아무래도 빛에 반응하는 별도의 신체 반사 작용이 있는 것 같다. 1945년에 소설가 블라디미르 나보코프는 유럽푸른부전나비Polyommatus Blue가 베링해협을 건너서 신세계로 넘어갔다고 생각했다. 나보코프가 세상을 뜨고 30년이 흐른 후, 이 생각이 옳았다는 사실이 밝혀졌다.

+ 망막에 시각 세포가 없어서 물체의 상이 맺히지 않는 부분.
++ 빛의 파장에 따라 굴절률이 달라서 상이 생기는 위치와 배율이 달라지는 현상.
+++ 납작한 몸이 좌우대칭이고 장 이외에는 체강이 없는 동물.

보이지 않는 광경

네이피어 법정의 E. R. 브래드쇼와 달리(삼가 고인의 명복을 빕니다), 호박맹꽁이pumpkin toadlet는 눈치가 빠른 덕분에 몬티 파이튼의 1970년 영화 <눈에 띄지 않는 법How Not to Be Seen>이 알려주는 핵심 교훈을 이해했다. 즉 영국 코미디언이 이름을 부르더라도 반드시 무시해야 한다.✦ 호박맹꽁이는 남이 부르는 소리를 그야말로 꿋꿋하게 무시한다. 고막이 없어서 누가 부르더라도 아무 소리를 들을 수 없다. 심지어 자기가 직접 고음으로 개굴개굴 우는 소리마저 듣지 못한다. (들을 수 있는 동족 개구리가 한 마리도 없는데, 왜 굳이 소리 내어 우는 걸까? 파충류학자는 소리내기가 아무런 기능도 하지 못하는 이 이상한 현상을 여전히 고민한다.) 소리를 들을 수 있는 개구리도 모습을 드러내라는 부름을 경계한다. 아마도 과거의 경험으로부터 목소리만 들리던 내레이터가 뱀이나 매, 작은 강아지만 한 몸집으로 새를 잡아먹는 거미 같은 위험한 존재로 나타난다는 것을 깨달았기 때문이다. 물방울무늬 청개구리polka-dot tree frog는 눈에 띄지 않으려고 훨씬 더 멀리 나아갔다. 생화학을 발전시켜서 피부와 뼈는 물론이고 심지어 조직액까지 주변에 우거진 나뭇가지의 이파리 색으로 바꾸었다.

✦ 영국 코미디 그룹인 몬티 파이튼이 만든 이 영화에서 등장인물 E. R. 브래드쇼는 풍경 속에 숨어 있었지만, 화면 바깥의 내레이터가 일어서라고 말하자 벌떡 일어났다가 총에 맞아 죽는다.

물방울무늬청개구리나 다른 비슷한 개구리는 유혹에 넘어가려는 충동을 억누르고 흠잡을 데 없는 위장술을 완성했으니, 레프러콘처럼 세상의 장막 뒤에서 거닐며 신화 속에 머무르다가 가끔 어린이용 시리얼 광고에 나타나는 데 만족하리라고 생각할 사람도 있을 것이다. 아아, 안타깝게도 물방울무늬청개구리 역시 레프러콘처럼 자신만의 행운의 부적을 가지길 간절히 바라면서도++ 그걸 즐기고 싶어 한다. 때로는 나를 뒤쫓던 자를 따돌려야 신나지만, 때로는 황금빛 반짝임을 드러내면서 짜릿할 때가 있다. 이 전율은 누가 누구를 쫓는지에 달려 있다. 염색독화살개구리dyeing poison dart frog는 잉크가 얼룩진 듯한 무늬를 이용해 관심을 끄는 것과 피하는 것 사이에서 균형을 맞춘다. 멀리서 보면 개구리인지 알아보기 어렵지만, 가까이 가서 보면 요란한 형광색이 눈을 쏘아대는 **개구리**라는 게 분명해진다. 조금 전까지는 밀림에 뒤얽힌 수풀밖에 없었는데 별안간 개구리가 당신의 사적 공간으로 불쑥 들어온다! 이처럼 느닷없이 마주치면, 한쪽이 다른 한쪽 때문에 넘어질 뻔해서 분위기가 어색해지기 마련이다. 개구리와 짝을 찾는 다른 개구리가 부딪쳤을 때처럼

++ 레프러콘은 아일랜드 민화 속 작은 요정으로 황금 단지를 숨겨놓고 있다. 미국에는 레프러콘을 마스코트로 내세운 시리얼 럭키 참즈Lucky Charms가 있는데, 이 이름의 뜻은 '행운의 부적'이다.

둘 다 열정이 끓어오르는 상황이라면 — 어머, 반가워요! —, 아니면 개구리와 가지에서 떨어진 구스베리 열매가 마주쳤을 때처럼 둘 다 서로에게 심드렁하다면 — 안녕히 가세요! — 별문제가 안 될 텐데. 아아, 안타깝지만 커다란 골칫거리를 꼼꼼하게 걸러냈더라도 세상은 복잡한 문제로 가득하다. 앞에서도 말했지만, 뱀과 매와 다리 길이가 어린이 팔뚝만 한 거미가 남아 있다. 그래서 독화살개구리는 위장을 보완하려고 독까지 쓴다. 위장술과 독은 메시지를 보낸다. "꼴도 보기 싫으니 썩 꺼져! 순순히 물러나지 않으면 고통과 경련과 죽음의 맛을 보여주지!" 대개 이것만으로도 원치 않는 만남을 충분히 막을 수 있지만, 어쩔 수 없는 상황도 있는 법이다. 독화살개구리가 애완 앵무새와 만나고, 타피라주^{tapirage}✦에 정통한 인간과 만날 때가 그렇다. 인간은 앵무새 깃털을 뽑아버린 후 피부에다 잡아온 독화살개구리의 독을 바른다. 그러면 새로운 깃털이 붉은 기가 배어 있는 노란색으로 다시 돋아난다. 이 깃털로 만든 의식용 머리 장식물은 무척 아름답다. 하지만 개구리가 이처럼 눈에 띄는 물건을 만드는 데 이용당했다고 펄펄 뛰며 분개하는 것도 무리는 아닐 것이다. 화려한 머리 장식은 눈에 띄지 않는다는 의무에 완전히 어

✦ 앵무새 깃털의 색깔을 바꾸는 아마존 원주민의 전통 기술.

굿나기 때문이다.

가끔은 뻔히 잘 보이는 곳에 숨어야 정말로 눈에 띄지 않는다. 사람 얼굴에 달라붙는 모낭충은 반투명한 몸으로 우리와 지나치게 가까운 데서 지내는 덕분에 몸을 숨길 수 있다. 미국 중서부를 카펫처럼 뒤덮은 황색마치종 옥수수는 별 특징 없이 밋밋한 데다 대량 생산되는 덕분에 눈에 띄지 않는다. 곰곰이 숙고하기에는 너무 보잘것없다면, 또는 골라내어 버리기에는 너무 중요하다면 누구나 쉽게 잊는 대상이 될 수 있다. 그런데 동네 슈퍼마켓에서 파는 사과처럼 보잘것없으면서도 중요한 존재가 드물게 있다. 만약 당신이 말루스 도메스티카*Malus domestica*++처럼 누구에게나 무엇이든 될 수 있다면─신앙심이 독실한 사람의 상징, 건강을 신경 쓰는 사람을 위한 모범, 거내 IT 기업과 과일을 좋아했던 그 기업 창업자의 아이콘─, 대중은 당신의 내면을 별로 파헤치지 않고 환영할 것이다. 딱 알맞게 달콤하거나 딱 알맞게 떫다면, 파이를 만들기에 좋거나 술을 담그기에 좋다면, 다들 흡족해서 당신의 장밋빛 피부 아래에 도박꾼

++ 사과의 라틴어 학명으로 '재배/사육하는'이라는 뜻이다.

의 심장이 뛰고 있다는 사실을 알아차리지 못할 것이다. 당신이 언제라도 변덕스러운 운명의 장난에 전부 내팽개치고 떠나리라는 사실을 깨닫지 못할 것이다. 그라니스미스granny smith 사과를 적도 방향으로 자르면 오각형 방이 보일 텐데, 그 안의 다루기 힘든 씨앗은 1860년대 시드니 교외에 심은 최초의 나무가 품었던 씨앗과 확실히 다를 것이다. 이 씨앗이 자라서 맺을 열매는 확실히 다시는 '오스트레일리아 최고의 요리용 사과'로 뽑히지 않을 것이다. 시인 헨리 데이비드 소로가 생각한 대로 모든 야생 사과나무가 변장한 왕자라면, 모든 사과 씨앗에는 왕자 대신 떠도는 삶으로 되돌아가기를 열망하는 방랑자가 들어 있다. 사람들에게 즐거움을 안겨줘야 한다는 압박에서 벗어나면 사과 씨앗은 저장한 유전 정보를 활용해서 다양한 포스트휴먼[+] 미래를 재구성할 수 있다. 클레오파트라라는 이름으로도 불리는 선배 품종이 태즈메이니아에서 번성하며 얻은 통찰력에 기댈 수도 있다. 더 멀리 프랑스로 갈 수도 있는데, 프랑스에 살았던 조상 품종은 가장 믿음직스러운 폼므pomme[++] 전문가조차 입을 오므리고 눈살을 찌푸릴 만큼 떫은 야생 능금을 맺었다.

[+] 인간과 로봇 기술의 경계가 사라져서 현대 인류보다 월등히 앞설 것으로 여겨지는 신인류, 또는 그런 인류가 사는 미래.
[++] 사과를 가리키는 프랑스어 낱말.

아니면 이제 전혀 다른 모습으로 변해버린 선조까지 거슬러 올라가 옛날 옛적 카자흐스탄에서 이어져 내려온 유전자에 의지해도 좋다. 말루스 시에베르시이Malus sieversii [+++]는 오늘날에도 여전히 살아 있으며, 더 자유롭고 제멋대로여서 탑처럼 우뚝 솟은 나무나 겨우 땅바닥 높이의 관목 형태로 자란다. 때로는 살구 맛이 나는 열매로 근처 톈산산맥에 사는 곰을 꾀기도 하고, 때로는 열매 맛이 너무 써서 아무도 다가오지 않아 홀로 지내기도 한다.

"사과는 스파이가 될 수 없다니 안타깝구나." 말루스 속genus만큼 적응성이 뛰어난 인재를 발굴하려던 정보기관에서 이렇게 한탄했을지도 모른다. 아마도 영국의 비밀정보국과 미국의 중앙정보국은 식물이 아닌 스파이가 낯선 환경에 적응하려면 더 열심히 노력해야 한다는 사실을 받아들였을 것이다. 대중문화에서 묘사하는 모습과는 달리 이상적인 첩보원은 세련되거나 쾌활해서는 안 되며, 오히려 별 특징이 없어서 잊어버리기 쉬워야 한다. 그러니 이란 정부가 간첩 혐의를 제기한 다람쥐 14마

[+++] 현재 재배되는 사과 품종 대다수의 조상으로 밝혀진 카자흐스탄의 야생 사과 품종.

리⁺는 몸집도 큰 데다 윤기 흐르는 밤색과 자홍색 털을 자랑하는 인도큰다람쥐Indian giant squirrel가 아닐 가능성이 크다. 보르네오술땅다람쥐Borneo tufted ground squirrel가 더 유력한 용의자다. 토착 전설에 따르면 이 다람쥐는 잔뜩 부푼 꼬리로 구름표범clouded leopard을 속여 넘기고, 톱니 모양 앞니로 문착muntjac⁺⁺의 목덜미를 물어뜯었다고 한다. (하지만 이런 암살 사건 보고를 뒷받침할 증거가 전혀 없다. 다람쥐가 완전히 결백하거나, 반대로 완전히 능수능란했다는 의미다.) 아마도 문제의 다람쥐 스파이는 인도큰다람쥐나 보르네오술땅다람쥐보다 덜 화려했을 테다. 동부회색다람쥐eastern gray squirrel와 비슷하지 않았을까. 북아메리카 출신인 이 다람쥐는 영국과 이탈리아의 숲에 침입하는 데 성공해서 토착 다람쥐를 쫓아내고 상업용 목재를 생산할 활엽수 껍질을 벗겨낸다. 하지만 관련 서류가 기밀 해제되기 전까지는 다람쥐가 훈련받은 방해 공작원이 될 수 있는지 아닌지 확인하기가 어렵다. 다람쥐가 적국의 강에서 헤엄치며 물 시료를 채취하는 물고기 로봇 찰리Charlie나 도청 장치를 달고 날아다니던 냉전 시대의 잠자리 드론 인섹토소프터Insectothopter처럼 될 수 있을까? 어

⁺ 2007년에 이란 정부는 감시 장비를 부착한 다람쥐가 우라늄 농축 시설 주위에서 붙잡혔으며, 이스라엘과 서방의 간첩이라고 주장했다.
⁺⁺ 사향 사슴을 닮은 작은 사슴.

쩌면 다람쥐의 사랑스러운 모습은 위장에 지나지 않을지도 모른다. 이 위장을 강화하고자 후다닥 움직이는 재주까지 갖추었을 것이다. 누구든 이런 모습을 보면 다람쥐가 대체 어떻게 정찰 임무를 수행할 수 있을지 의심스러워질 테니까. 현재까지 알려진 다람쥐 요원Secret Squirrel™의 잠입 사례는 단 한 건이다. 다만 이 첩보원은 애니메이션 제작사 해나 바베라Hanna-Barbera의 만화 캐릭터로, 방탄 코트를 입고 사실은 대포인 모자를 쓴 채 다다다다! 소리를 내는 기관총 지팡이를 휘두른다. "대단한 스파이야! 멋진 다람쥐야!" 주제가가 귓가를 맴돈다!

당신이 남의 시선을 끌지 않으려고 최대한 납작 엎드려 지냈는데도 군중 사이에서 선택받는 날이 올지도 모른다. 배심원단에 뽑히거나 인간의 사업에서 의무를 다하라고 뽑힐 때(여기에 배심원 의무도 포함된다)가 그렇다. 야생 겨자와 적색야계red jungle fowl 같은 일부 후보는 인간의 일에 참여하라는 요구를 받아들이고 재배와 사육의 길로 들어섰다. 둘은 각각 브로콜리와 농장의 가금류가 되어서 더 말을 잘 듣고, 더 기르기 쉽고, 더 식용에 알맞게 바뀌었다. 경계선에서 고민하던 다른 참가자들은 이런 모험에 나설 수 없으니 즉시 사건을 기각해달라고 요청했다. 예를 들어 아프리카들소는 무리 지어 살기도 좋아하고 고기도 아주 맛있지만, 성질이 너무 사나운 탓에 우리 안에서 가만히 있지도 못하고 법정에서 다른 사람의 증언을 오래 듣고 있지도 못한다. 스웨덴 국왕 칼 11세는 말코손바닥사슴moose을 탄 기병대를 지휘하겠다는 꿈을 품었지만, 이 거대한 사슴이 근접전에 약하고 머스킷 총소리만 들으면 겁에 질리는 바람에 꿈이 산산조각 났다. 영국의 은행가이자 정치인 월터 로스차일드 경은 얼룩말이 끄는 특별한 마차를 타고 19세기 런던 시가지를 돌아다니려고 했다. 하지만 얼룩말이 변덕스럽고 난폭하며 사자를 무서워한다는 사실을 알아차리고 그 대신 재미로 거북을 타고 다녔다. 때로는 어느 생물종이 나아가는 길에 운명이 끼어들기도 한다. 이런 운명은 미국 하원 의원 로버트 브루사드의 야심도 꺾어놓았다. 브루사드는 1920년대 후반에 하마를 루이지애나로 수입해서 육류 자원으로 이용한다는 법안을 통과시킬 뻔했다. 미국인들이 이 '호수에 사는 소 베이컨'을 반겼을지 결코 알지 못하겠지만, 콜롬비아의 마약왕 파블로 에스코바르가 사망한 이후에 그의 개인 동물원에서 방생된 하마가 콜롬비아에서 마구 퍼진 상황으로 미루어 보건대, 하마가 신세계의 늪지에서 번성했을 가능성은 높아 보인다. 부레옥잠을 우적우적 씹어먹고, 비행정 조종사를 괴롭히고, 토종 악어를 공포로 몰아넣었을 것이다. 은밀하게 숨어 지내려고 온갖 계략을 꾸미는 청개구리나 너무 수줍음이 많아서 찾기 힘든 생물을 다루는 에세이에도 거의 등장하지 않는 수마트라코뿔소Sumatran rhinoceros와 달리, 하마는 스포트라이트를 독차지하거나, 떠들썩하게 소란을 피우거나, 재판 절차에 몰입하거나, 노련하게 경험을 쌓는 데 스스럼없다. (2021년의 마그달레나강에 서식하는 하마 군집 대 콜롬비아 환경 및 지속 가능 발전부 외 재판 기록을 참조하라.✦ 이 재판에서 미국 법원은 역사상 처음으로 인간이 아닌 동물을 '이해관계인interested person'으로 인정했다.) 어쨌거나 방해받지 않을 수 있는 확실하고 과감한 방법을 하나 더 소개하겠다. 아무도 다시는 당신과 얽히고 싶지 않도록 변호사를 선임하라.

어쩌면 살면서 때로는 하마가 되어 세상에 나를 인정해달라고 끈질기게 졸라야 이득을 볼 것이다. 하지만 때로는 오카피okapi처럼 깊숙한 곳으로 물러나서 주변의 더 낮은 환경과 어우러지

✦ *Community of Hippopotamuses Living in the Magdalena River v. Ministerio de Ambiente y Desarrollo Sostenible et al.* [2021] 중남미는 원래 하마가 살지 않는 곳이지만, 에스코바르의 개인 동물원에서 버려진 하마가 콜롬비아의 마그달레나강에서 서식하며 크게 번성했다. 개체 수가 빠르게 불어난 하마 탓에 생태계가 파괴되자 이 문제로 재판까지 열렸다.

는 편이 더 현명하다. 언제 시끄럽게 외쳐야 하는지, 언제 목소리를 억눌러야 하는지 아는 힘, 이는 개굴개굴 노래하는 개구리와 부스럭거리는 참나무와 꼭 요들 같은 소리를 내는 아비 loon가 오랫동안 갈고닦은 재주의 영역이다. 아울러 이들은 동시에 겨울잠을 자는 개구리와 평온하게 서 있는 참나무와 침묵을 지키는 아비 새이기도 하다. 온 세상이 나를 주목한다는 기쁨은 세상이 나를 배신할지도 모른다는 두려움, 파렴치한 자가 내게 동의도 구하지 않고 피해를 배상하지도 않고 나를 착취할지도 모른다는 두려움에 식어버리기도 한다. 우리는 말과 기수, 경주용 낙타와 주인, 벌목 코끼리와 조련사처럼 동류의식으로 연대하는 일을 열린 마음으로 받아들여야 한다. 그러나 스파이크 박힌 재갈, 부유층의 새끼 낙타 밀거래, 숲을 그저 가공 목재로만 보는 술책에 이용당하는 일 같은 속박의 위험을 조심해야 한다. 우리는 길들여서 잘 안다고 여기는 대상에게, 우리 눈이 아니라 그들의 눈으로 세상을 볼 수 있다고 우기는 대상에게 얼마나 자주 진정으로 마음을 기울일까? 유용성이나 아름다움 같은 개념에서 벗어나 타인을 이해하려는 노력을 어디까지 해보았을까? 충분히 자주는 아니다. 충분히 멀리는 아니다.

하지만 우리 종이 쓰임이나 이익을 따지지 않고 행동해서 어느 정도 구원을 이루는 순간도 있다. 어떤 이들은 몽골 대

초원으로 타키^{takhi}를 다시 데려왔다. 그들이 사라졌다는 사실을 차마 견디지 못했기 때문이다. 이 야생마가 결코 탈 수 없는 말이라는 것을 충분히 알면서도 말이다. 또 어떤 이들은 하브타가이^{havtagai}가 앞으로도 끈질기게 살아남기를 바란다. 그래서 이 야생 낙타가 절대 사람을 따르지 않으리라는 걸 알면서도 보호하려고 노력한다. 우리 대다수는 코끼리 무리의 암컷 우두머리를 고향 땅으로 돌려보내기를 간절하게 바란다. 아마 코끼리가 살던 곳에서 쫓겨난 원인이 바로 우리라는 사실을 깨달았기 때문일 것이다. 우리 종은 집단 범죄를 저지른 죄악에도 불구하고, 또는 그로 인해 우리가 완전히 이해하지 못하는 죄책감에 의해 마음이 움직이곤 한다. 한때 우리는 동굴사자^{cave lion}와 짧은얼굴곰^{short-faced bear}과 아일랜드엘크^{Irish elk}를 파멸로 몰고 갔다. 그러나 한때 우리는 잊힌 꿈의 동굴 안에서 숯과 황토로 이 동물의 영혼에 불멸성을 불어넣었다. 오늘날에도 우리는 무너뜨리고, 가꾼다. 심지어 이 순간에도 우리는 해를 입히고, 눈물을 흘린다. 스스로 초래한 일의 무게를 짊어진 인간은 여전히 타자를 끈질기게 괴롭힐 힘이 있다. 하지만 그런 힘을 지니고도 시선을 반대로 돌려서 집착하는 편협한 생각에서 벗어나 더 넓고 더 커다란 공동체를 보고 깜짝 놀랄 수도 있다. 그렇게 한다면 우리는 우리 너머에 있는 세상, 단순한 쓸모를 넘어서는 세상을 깨달을 테다. 그래서 분명히 보이는 것과 보이지 않는 것, 덧없는 것과 영원한 것 모두 돈이나 값어치를 뛰어넘는 요소로 볼 테다. 가끔은 눈앞에 뻔히 보이는 것을 비로소 볼 수 있다.

앞서 간단히 언급한 102가지, 대부분은 생명체

웨들바다표범 기니개코원숭이 앞발 흔드는 유리개구리 걸프코르비나 수라카누에나방 쿨집박쥐 밍크고래 혹등고래 기린 케이트윈즐릿딱정벌레 보노의조슈아트리문짝거미 훔볼트펭귄 파타고니아스컹크 그레이터쿠두 레서쿠두 레서군함조 애기족제비 리스트턴 꼬마해오라기 세라마반탐 저지자이언트 크레타난쟁이매머드 피크미매머드 북아메리카꼬마땃쥐 레서귀없는도마뱀 레서원숭이올빼미 작은아기사슴 *레서마스카렌날여우박쥐* 레서앤틸리스비단털쥐 레서빌비 *기라파티탄 브랑카이 하그리푸스 기간테우스 우르구나알루크 쿠욱피켄시스* 브리슬콘소나무 송골매 부탄제비나비 다이앤의심장이보이는유리개구리 대양백합 K2 *사우로수쿠스 드로미코수쿠스* 와피티사슴 북부흰코뿔소 동부갈색뱀 내륙타이판 트리니다드모루가스콜피온 코모도왕도마뱀고추 향유고래 남방코끼리물범 민부리고래 큰귀우는토끼 노란엉덩이잎귀쥐 유럽칼새 브라질자유꼬리박쥐 치타 대왕판다 코알라 제왕나비 미국너구리 코요테 회색가지나방 센다이시의 까마귀 흰토끼풀 마다가스카르토마토개구리 스프링복 혹등고래에 붙은 고래따개비 붕어 민털두더지쥐 애나벌새 쇠똥구리 장님동굴테트라 먹장어 갑오징어 캘리포니아두점박이문어 플라나리아 유럽푸른부전나비 **블라미디르 나보코프** 호박맹꽁이 염색독화살개구리 모낭충 황색마치종 옥수수 말루스 도메스티카 말루스 시에베르시이 인도큰다람쥐 보르네오술땅다람쥐 구름표범 문착 동부회색다람쥐 야생 겨자 적색야계 아프리카들소 말코손바닥사슴 얼룩말 하마 수마트라코뿔소 오카피 타키 하브타가이 인도코끼리 동굴사자 짧은얼굴곰 아일랜드큰사슴

완벽한 파티 손님

다음 모임에 초대할 손님을 정할 때는 나무늘보도 꼭 고려하길 바란다. 두발가락나무늘보든 세발가락나무늘보든 다 괜찮다. 서로 먼 친척 관계인 두 나무늘보는 각자 나무에 거꾸로 매달려 사는 생활방식에 관해 의견을 나눌 수 있을 테니까. 1만 1천 년 전처럼 초대장을 따로 만들어야 하는 것은 아닌지 걱정할 필요도 없다. 그 당시라면 나무늘보와 같은 종류지만 덩치도 훨씬 더 크고 나무가 아닌 땅에서 사는 동물이 당신의 집에 느닷없이 나타났다가 몸집 때문에 문을 통과하지 못하는 사태가 벌어질 가능성이 있었다. 아파트 공용 휴게실의 안전 규정상 키가 3.5미터 이상에다 덩치가 코끼리만 한 초식동물은 출입할 수 없는 탓에 손님을 그냥 돌려보내야 한다면 부끄럽지 않을까? 게다가 이 손님을 집 안으로 들였더라도, 당신의 파티가 역사상 유일하게 샐러드가 동난 파티라는 사실은 영영 잊히지 않을 것이다.

물론, 당신은 모로코산 베르베르 카펫에 옥수수 지푸라기 같은 털은 물론이고 털에 공생하는 조류^{algae}까지 묻히지 않고서도 분위기를 유쾌하게 살릴 다른 손님도 있어야 한다고 항의할지도 모른다. 당신의 초대 손님 명단을 알파벳 순서대로 살펴보면, 알바트로스나 아홀로틀^{axolotl}, 아니면 웃는테라핀$^{smiling\ terrapin}$

으로도 불리는 검은늪거북black marsh turtle이 있을 것이다. 모두 당신의 떠들썩한 파티에 잘 어울릴 듯하다. 더욱이 이들 전부 나무늘보처럼 언제나 환한 미소를 짓고 있다. 그런 다음, 당신은—신나서 상상을 이어가며—큰돌고래bottlenose dolphin의 옆모습이 장차 바다를 주제로 한 파티에 완벽하게 어울리겠다고 생각할 것이다. 더욱이 아래층의 수영장을 꾸밀 계획이라면 더욱 그렇다. 게다가 이웃의 친절한 어류학자에게서 홍어 가족의 쾌활한 태도에 관해 듣고 난 후라면 역시 초대장을 보내고 싶을 것이다. 어류학자는 어느 토요일 밤에 이 둥그런 삼각형 물고기 떼가 피버fever라고 불린다고 말했다. 알 만한 사람이라면 1970년대 말 디스코텍 분위기에서 이 이름을 따왔을 거라 확신할 것이다.

하지만 겉으로 웃고 있다고 해서 속으로 아무런 문제가 없다는 뜻은 아니다. '지구에서 가장 행복한 동물'로 불리는 쿼카quokka는 해맑게 웃는 모습으로 인스타그램에서 센세이션을 불러일으켰지만, 속마음도 과연 그럴까? 대체 마음속에 어떤 폭풍이 몰아치고 있었길래 그토록 사랑스러운 자태를 뽐내다가 돌연 땅콩버터 크래커를 쥔 손을 물어뜯었을까? (핑거 푸드를 내놓을 당신의 파티에서 손가락을 잃을 가능성을 걱정하는 손님은 없어야 한다. 정말 중요한 문제다.) 어쨌거나 자그마한 왈라비 같은 쿼카는 누구든 친구를 사귈 수 있으리라는 생각에 몹시 기뻐할 것이다. 오스트레일리아 로트네스트섬의 유일한 토착 육상 포유동물로 지내며 외로웠던 마음을 보상받고 싶어서 적극적으로 나서지 않을까. 잘 모르겠다. 평상시의 이런저런 겉모습만으로는 다른 이의 기분을 가늠하기 쉽지 않다. 기본적인 해부학이 방해하고 들면 더욱 어렵다. 앞서 말한 홍어를 예로 들어보자. 다들 홍어 얼굴의 아래쪽에 있는 콧구멍을 눈이라고 착각해서 홍어가 우스꽝스럽고 붙임성 좋다고 여긴다. 하지만 사실 홍어는 툭 하면 토라지고 화를 잘 낸다. 특히, 바쁜 와중에 짬을 내어 조개껍데기 깨부수기와 게 껍데기 으스러뜨리기라는 열정적 취미와 관련 없는 행사에 참석했다면 더욱 까탈스럽게 굴 테다. 그러므로 홍어는 파티 손님보다 콘퍼런스 대표가 더 잘 어울릴지도 모른다. 적어도 무역 박람회 바닥에서는 바다 밑바닥 서식지에서 하던 일 그대로 별생각 없이 입을 뻐끔거리며 빙빙 돌아다닐 수 있다.

비슷한 맥락에서, 온 세상을 여행한 경험담을 재미있게 풀어놓으리라고 기대했던 남방알바트로스antipodean albatross에게 희망을 너무 많이 품지 않기를 바란다. 평론가들은 좋아했지만 아무도 보지 않은 영화에서 배우 조지 클루니가 끊임없이 비행기를 타고 돌아다니는 조지 클루니를 연기한 적이 있다⁺(이런 영화가 꽤 많지 않나?). 그런데 영화 속 조지 클루니와 마찬가지로 항공 마일리지를 많이 쌓았다고 해서 열정이 넘치는 것은 아니다. 알바트로스는 뭍에서 열리는 모임에서 대체로 어색하게 굴 뿐만 아니라 결코 진득하게 머무르지도 않는다. 다음 날 아침 일찍 일어나서 버려진 바위 부스러기—보통 아오테아로아Aotearoa⁺⁺ 남쪽에 있다—로 날아가야 한다며 언제나 가장 먼저 자리를 뜰 것이다. 여기서 초대 손님 목록을 더 줄이고 싶지는 않지만, 아홀로틀과 주고받는 농담은 분위기만 명랑할 뿐 내용이 늘 유치하다. 올챙이 시기에서 생장이 멈추고 생식소만 성숙하여 발육이 지체된 상태라 지난 몇 년 동안의 추억만 떠올리기 때문이다. 졸업반 때 누가 누구랑 데이트했는지 알아? 제일 따분했던 선생님이 누구인지 생각나? 내가 미식축구 주 신수권 대회에서 터치다운 세 번이나 했던 거 기억해? 많은 면에서 우울한 대화겠지만, 가장 슬픈 것은 누군가가 자기 전성기가 이미 지나갔다는 사실을 깨닫지 못한 모습을 지켜보는 일일 테다.

⁺ 제이슨 라이트맨 감독의 <인 디 에어>를 말한다. 영화에서 조지 클루니는 베테랑 해고 전문가로, 1년 내내 비행기를 타고 미국 전역을 돌아다니며 해고 대상자를 만난다.
⁺⁺ 뉴질랜드를 가리키는 마오리어.

그렇다면 숱한 돌고래 수족관에서 활약했던 스타는 어떨까? 수많은 아역 배우가 그랬듯이, 큰돌고래는 스포트라이트를 받는 대신 자유를 잃은 채 침묵 속에서 오랫동안 고통받았다. 우리는 돌고래의 고통을 모르고 있었다. 아니, 어쩌면 돌고래의 고통을 인정하지 않고 돌고래의 장난기 많고 유쾌한 행동이 본래 유쾌한 본성에서 비롯되었다고 바랐을지도 모른다. 사실, 돌고래는 동료와 함께 지내고 싶다는 채울 수 없는 바람 때문에, 돌고래 자신도 기억하지 못하고 우리는 감히 헤아리지도 못하는 욕망 때문에 절망에 빠져서 일그러져 있다. 플리퍼✦와 친구들이 편하게 머무르려면 아래층 수영장보다 훨씬 더 넓은 공간이 필요하다. 그러니 모두를 위해 부디 돌고래를 손님 명단에서 지워주기를.

이처럼 초대 목록의 손님을 하나씩 살펴보며 골라낸다고 해서 파티를 망칠 일은 없다. 웃는테라핀은 탁월한 선택이다. 혹시 수영장과 월풀 욕조 세트를 2시간 동안 예약했다면, 덩치도 성격도 남다른 설치류 카피바라^{capybara}를 꼭 초대하길 바란

✦ 미국 드라마와 영화 <플리퍼>에서 주연으로 나오는 돌고래 이름.

다. 잠시도 가만히 못 있고 먹이를 쌓아두는 다람쥐나 먹이를 슬쩍 훔치고 다니는 쥐, 집 밖으로 나오는 일이 없는 땅다람쥐, 일에 미쳐 사는 비버 등 다른 설치류 친척과는 달리, 마스티프 mastiff 견종만큼 커다란 이 동물은 태평하고 붙임성이 좋다. 혹시 당신이 파티에서 어쩔 줄을 모르고 있으면, 당신 대신 호스트로 나서서 사교 활동이라는 탁류 속으로 거침없이 뛰어들 것이다. 카피바라가 내뿜는 부드러운 에너지는 아마 대가족 생활 덕분에 생겨나지 않았을까 싶다. 카피바라를 초대하는 것은 도스 에키스 Dos Equis 맥주 광고에 등장하는 세상에서 가장 흥미로운 남자를 초대하는 것과 비슷할 뿐만 아니라 오히려 더 낫다. 카피바라는 자기 업적을—업적이 수두룩하다—자랑하는 데 결코 시간을 낭비하지 않는다. 오히려 카리스마를 발휘해서 친구 무리를 지탱한다. 검은대머리수리 black vulture 부터 와틀드자카나 wattled jacana⁺⁺, 수많은 밝은깃턱린찌르레기 shiny cowbird 까지, 카피바라를 따라다니며 어울리는 새들이 이 설치류의 강인한 성격과 비할 데 없는 총명함을 증명할 것이다. 강인함과 총명함이야말로 건전한 공생 관계의 핵심이다. 사방을 내려다볼 수 있는 횃대, 최고급 파리와 진드기를 자랑하는 스낵바, 햇볕을 쬐고

⁺⁺ 남아메리카의 물꿩.

바람을 쐴 갑판까지 있는 페리 서비스. 카피바라는 조류 친구를 위해 이 모두를 갖추었으며, 언제나 친구들 곁에 머무른다.

당신이 누구를, 무엇을 초대하든, 기억에 남는 파티는 스트레스가 잔뜩 쌓이는 행사가 아니라 교류와 교감을 위해 다 함께 모이는 자리라는 사실을 꼭 명심하길 바란다. 그리스에서는 자주 만나서 철학과 가치, 아이디어를 공유하는 모임을 파레아parea라고 한다. 덴마크에서는 서로 아끼는 사람들이 함께 만들어가는 아늑한 분위기를 휘게hygge라고 한다. 프랑스 살롱salon의 매력은 삶을 바꿀 만한 대화를 나누는 공간이라는 데 있다. 때때로 파티에서 정말 중요한 순간은 파티가 끝나갈 무렵에, 남은 인원이 줄어들고 음식과 공짜 술을 즐기러 온 이들이 비틀비틀 떠나갈 때 시작된다. 바로 이 순간, 몇 안 되는 진짜만이 남아서 편안한 곳에 자리 잡는다. 남은 손님은 구석의 빈백 의자에 깊숙이 몸을 파묻거나 쿠션을 한껏 쌓아 올린 2인용 소파에 앉아서 양털 담요를 두르고 장작 난로에서 깜박이는 불꽃을 지켜본다. 이제부터 나무늘보가 빛을 발하기 시작할 것이다. (이전에는 전혀 빛나지 않았다는 말은 아니다. 그저 포유류 중에서 가장 차가운 편일 뿐이다. 아, 체온이 차갑다는 뜻이다. 다만 나무늘보처럼 쿨하려면 저체온증에 시달려야 하니 시도조차 하지 말길.) 이렇게 느긋하고 너그러운 손님을 맞이하면 당연히 장소를 마련하고 음식을 장만하는 비용도 거의 들지 않는다. 나뭇잎 찌꺼기를 먹는 이 손님은 퇴비가 될 운명이었던 남은 푸성귀도, 심지어 멍들고 숨이 죽어서 손수 만든 라즈베리 드레싱으로 상태를 감추려고 했던 채소도 즐겁게 먹을 것이다. 당신은 나무늘보가 적은 비용으로도 쉽게 대접할 수 있는 손님일 뿐만 아니라 후줄근한 겉모습 아래에 세심한 대화 능력을 감추고 있다는 사실에 놀랄 테다. 우선, 나무늘보가 대화 도중에 화장실을 쓰겠다며 자리를 떴다는 말은 단 한 번도 들어본 적이 없다. 볼일은 일주일에 딱 한 번만 보면 되기 때문이다. 게다가 나무늘보는 파우더를 아무리 많이 발라도 번들거리는 코를 어떻게 할 수 없다는 사실을 편안하게 받아들인 것 같다. 또 나무늘보는 파티 분위기를 망치기 마련인 날 선 상황도 수월하게 진정시킨다. 털이 빽빽한 가죽에 떨어진 빗방울을 털어내듯이 마구 쏟아지는 모욕도 능숙하게 털어내기 때문이다. 나무늘보는 오만한 18세기 프랑스 박물학자들처럼 시시한 비난이나 던지는 무리, 누가 초대했는지 기억도 안 나지만 술에 취한 채 계단에 궁둥이를 붙인 이들에게서 오래전부터 무시당했지만, 그저 어깨만 으쓱하고 넘겼다. 예를 들어서 원숭이를 좋아했던 뷔퐁 백작은 뜬금없이 "엉터리 신체 구조, 가장 열등한 동물, 결함이 하나라도 더 있었으면 목숨을 잇는 것이 불가능했을 존재"라고 매도하며 나무늘보의 평판에 먹칠했다(뷔퐁 백작이 말한 모욕은 이보다 더 길지만, 더는 나무늘보를 헐뜯고 싶지 않다). 나무늘보는 이처럼 악랄한 독설을 듣고도 악의를 품지 않는다. 오히려 지금은 수정 항아리 안에 담긴 채 프랑스 국립 자연사 박물관의 자기 동상 아래에 묻힌, 보통 크기보다 약간 더 큰 백작의 뇌에 기꺼이 조언을 구할 것이다. 물론 이런 일이 가능하려면 파리로 무료 관광의 기회가 주어져야 하며, 근처에 거꾸로 매달리기 좋은 나무가 있어야 한다.

    나무에 매달려 사는 생활방식이 얼마나 멋진지도 빼놓지 않고 말해야겠다. 앞으로 당신이 만날 가장 매력적인 존재 중에는 나무 위에서 사는 방식을 깨우친 이들도 있을 테다. 잠깐, 문명의 종말에 대비해서 덩이줄기 작물[✦]을 찾아다니는 생존주의 유튜버나 플란넬 옷을 입고 부모의 휴가용 별장에 오두막을 짓는 사람들을 말하는 게 아니다. 차분한 스승에게서 인내의 기술을 전수하여 매 순간을 처음부터 끝까지 보는 데 능숙해진 이들을 말하는 것이다. 거미가 거미줄을 한 가닥씩 엮는 모습. 나무둥치를 감싼 이끼가 이슬을 머금고 부풀어 오르는 장면. 버

✦ 땅속의 줄기에 양분을 저장해서 커다란 덩이를 만드는 작물로, 감자나 돼지감자 따위가 있다.

섯이 땅바닥의 흙을 뚫고 솟을 때 들리는 소리. 당신이 귀를 기울이기만 한다면 나무늘보는 이런 현상과 다른 현상에 관해 밤새도록 이야기할 수 있다. 당신에게 크나큰 행운이 따른다면, 이 손님은 나무늘보에서 나무늘보로 전해진 옛 말투로 태곳적 영웅담을 풀어내듯이 자신의 가계도에 얽힌 이야기를 들려주리라. 8백만 년 전 *탈라소크누스*^{Thalassocnus} 속 사촌이 페루 사막을 건너서 뼈를 부러뜨릴 듯한 파도와 살점을 찢어발기려는 범고래에 용감히 맞서며 해초를 먹고 살았다. 헐크처럼 거대한 짐승인 아르헨티나 출신의 *레스토돈*^{Lestodon} 삼촌이 마치 선사 시대의 조니 애플시드$^{Johnny\ Appleseed}$++처럼 아보카도 나무를 퍼뜨리는 데 평생을 바쳤다. 사실 레스토돈 삼촌은 굴 파는 일이 직업이었는데, 오로지 발톱만으로 바위를 쪼개어서 생물이 만든 동굴 가운데 가장 큰 굴을 팠다. 우리의 이야기꾼은 막간에 우스운 일화를 들려줄 수도 있다. 현지에서 '악마의 야수'라고 불리는 *디아볼로테리움*^{Diabolotherium} 고모할머니는 나무를 타는 데 싫증이 나서 어느 날 안데스산맥을 올랐다고 한다(경치를 구경할 생각이었는지, 아니면 스릴을 느끼려고 했던 것인지 아무도 모른다). 하지만 나무늘보는 곧 어조를 엄숙하게 바꿔서 집안이 몰락한 사연

++ 본명은 존 채프먼으로 미국 각지에 사과 씨를 뿌리고 다녔다는 개척 시대의 전설적 인물.

을 설명할 테다. 북아메리카를 누비던 숱한 친척을 파멸로 몰아넣은 장본인은 혹독한 빙하 시대였다. 이 이야기를 들으면 어떻게 일부 나무늘보가 빽빽한 털과 두둑한 허리둘레로 살을 에는 듯한 추위와 검치호$^{saber\text{-}toothed\ cat}$✢를 막았는지 이해할 것이다. 하지만 나무늘보는 얼음이 녹으며 다시 찾아온 따뜻한 기후에는 대처하지 못했다. 게다가 새로운 세상과 함께 새로운 위협도 나타났다. 두 발로 걸으며 사냥하는 이 동물은 커다란 덩치로도 날카로운 발톱으로도 막을 수 없었다.

보통 나무늘보는 움직이고 나면 한동안 침묵을 지킨다. 내밀한 이야기를 모두 털어놓고 난 후에는 먼 옛날 조상이 이리저리 누비던 시절은 지나갔다는 생각에 잠겨서 특히나 더 오래 입을 다물 것이다. 꽃무늬 벨루어 소파에 몸을 파묻은 채, 페루의 친척이 잠들어 있는 지층 이름을 딴 피스코 사워$^{pisco\ sour}$가 담긴 잔에 발톱 하나를 살짝 걸친 당신 앞의 나무늘보는 더는 할 일이 없는 것처럼 보인다. 지구에서 새롭게 맡은 더 조용한 역할에 마음이 편안해 보인다. 얼굴에 피어오른 미소와 길게 풀어놓은 이

✢ 송곳니가 매우 긴 호랑이를 닮은 고양잇과 화석 동물로, 아메리카에서 많이 발견된다.

야기는 당신이 받은 인상처럼 진실하다. 앞으로 며칠 동안 나무늘보와 단둘이서 시간을 보내고 싶다는 충동이 들지도 모르겠다. 정말로 함께 지내보길 바란다. 이런 존재와 함께 있으면 우리 마음에 필요한 요령을 터득하는 데 도움이 된다. 나무늘보를 통해 평온하게 현재를 살아갈 공간을 확보하는 방법과 가끔 관점을 거꾸로 뒤집어서 늙었지만 쇠약해지지는 않은 눈으로 세상을 바라보는 일의 중요성을 깨우칠 것이다.

3.

접촉

Utter, Earth

유럽둥근망둑round goby이 바위에 자리 잡을 때 쓰는 지느러미는 원숭이의 손가락 끝만큼이나 민감하다. 코알라의 지문 무늬는 인간과 아주 비슷해서 범죄 현장을 오염시킬 수도 있다. 코알라와 매너티manatee, 유럽고슴도치는 대뇌 피질에 주름이 없지만, 웜뱃과 낙타, 목도리페커리collared peccary는 대뇌 피질에 주름이 잡혀 있다. 코끼리의 대뇌 피질은 인간보다 두 배나 무겁지만, 포함된 신경 세포의 수는 3분의 1이다. 코끼리주둥이고기Peters's elephantnose fish는 뇌에 피질이 전혀 없지만, 포유류처럼 감각과 시각 처리 과정을 전환할 수 있다. 대빨판이remora는 머리 지느러미가 부드럽고 골이 져 있는 빨판으로 변형되었는데, 이 빨판을 이용해서 숙주에 달라붙어 히치하이크한다. 순조롭

게 헤엄치는 고래 몸에서 찰싹 붙기에 가장 좋은 지점은 몸을 안전하게 숨길 수 있는 숨구멍 근처나 등지느러미 주변이다. 플렌싱flensing은 해양 포유류의 가죽을 벗겨서 바깥 지방을 얻는 작업을 가리킨다. 1904년부터 1971년까지 남대서양의 사우스조지아섬에서는 대왕고래를 무려 4만 2천698마리나 처리했다. 1998년부터 2018년까지 이 섬 주변 바다에서 새로운 대왕고래가 목격된 일은 단 한 건이었다. 2020년의 어느 조사에서는 58마리가 목격되었다. 이주는 큰뿔야생양bighorn sheep과 말코손바닥사슴 모두 여러 세대에 걸쳐 물려주는 문화다.

뭉치면 살고
흩어지면 죽는다

상사줄자돔 sergeant major damselfish[+] 하면 떠오르는 모습은 배 쪽으로 갈수록 가늘어지는 까만 줄 다섯 개와 수백 마리가 이루는 완벽한 대형이다. 다 같이 모이면 감각 기관을 함께 사용할 수 있으므로 다른 동물이나 식물, 광물을 더 쉽게 파악하고 평가할 수 있다. 게처럼 괴팍한 동물이 우글거리는 험준한 암초에서 돌아다닐 때는 무리 지어 움직이는 편이 유용하다. 암초에 도사리고 있는 녀석들은 어떤 작은 동물이든 갉아먹고 싶어 안달 났으면서 자기는 갉아 먹히지 않으려고 애쓴다. 단체 수중 발레의 달인인 상사줄자돔은 숄링 shoaling 보다 더 고난도 기술인 스쿨링 schooling 을 익힐 수 있다.[++] 숄링은 단순히 무리를 짓는 일이라서 별다른 공통점도 없는 개체가 무질서하게 모이기도 한다. 반대로 스쿨링은 모두 하나 되어 움직이는 일이라서, 아찔할 만큼 일사불란한 행동으로 적이 될지도 모를 대상을 압도할 수 있다. 이처럼 하나로 뭉쳐서 행동을 조정하려면 한눈팔며 딴 짓해서는 안 된다. 은빛의 작은청어 silver sprat 한 마리가 바로 옆 동료에게서 눈을 뗐다가는 주변 물고기와 부딪치고 무리에서 떨어져 나갈 것이다. 그러면 무단결석한 학생을 찾아서 돌아다

[+] 줄무늬가 군대 계급 휘장을 닮아서 붙은 이름이다.
[++] 숄링은 여러 물고기가 느슨하게 무리를 이루어서 어울리는 행동이며, 스쿨링은 물고기 떼가 동시에 같은 속도, 같은 방향으로 움직이는 행동이다.

니는 돛새치가 돛을 펼치고 빠르게 슬며시 다가와서 외톨이를 채어갈지도 모른다. 한눈파는 물고기가 많아지면 무리가 아예 무너진다. 군단으로 똘똘 뭉치면 누가 함부로 덤벼드는 일도 없고 무리 전체를 간파당하는 일도 없지만, 흩어지면 이런 이점도 사라지고 만다. 상사가 아니라 놋쇠 배지와 쨍그랑거리는 훈장을 자랑하는 소장Major General이라고 해도 무리에서 벗어나면 어슬렁거리는 황새치에게 쫓겨 허둥댈 것이다. 황새치는 큰 바다에서 빠르게 이동하며 창 같은 주둥이를 휘두른다. 이 물고기는 기량이 가장 뛰어난 검투사, 특히 양모 코트를 입고 예식용 검을 흔들며 물속에서 싸우려는 군인조차 무장 해제할 수 있다.

살다가 무리 짓기를 선택하는 이들도 있지만, 무리를 벗어나서 사는 법을 전혀 배우지 않은 이들도 있다. 대서양의 대구와 연어는 주로 산란기에 더불어 모이지만, 태평양의 청어와 멸치는 평생을 함께 뭉쳐서 살아간다. 외로움을 탈까 봐 걱정스러워서 그럴 수도 있고, 안전 문제를 염려해서 그럴 수도 있다. 크뢰이어심해아귀Krøyer's deep-sea anglerfish는 떼를 지어서 살지 않고 혼자서 바닷속 심연의 집에 머무른다. 효험이 확실한 외로움 치료법을 찾아낸 덕분이다. 수컷 아귀는 암컷을 우연히 마주치면, 이빨로 암컷의 배를 깨물어서 달라붙는다. 그리고 자기만의 독립된 모습도, 스스로 돌아다닐 자유도 잃은 채 암컷의 일부가 된다. 수컷은 이 결합이 끝내 행복한 결말로 이어지리라고 믿는다. 드넓은 바다에 비하면 수컷 아귀는 너무나도 작고, 암컷이 생물 발광⁺으로 수컷을 유혹하더라도 서로 만나기가 몹시 어렵기 때문이다. 그러니 아무리 희미하더라도 어둠 속에서 깜박이는 희망을 보자마자 꽉 붙잡아야 두 번 다시 혼자가 되지 않을 수 있다. 다시는 상대와 헤어지지 못하더라도 어쩔 수 없다.

때로는 대담하게 미지의 세계로 첫발을 내딛고 새로운 것을 발견하는 편이 이롭다. 생명체가 처음으로 뉴펀들랜드에 발을 디뎠을 때가 그랬다. 뭍에 오르는 일은 무리 지어서 함께 움직이는 일과 전혀 다르다. 진취적인 사지형 어류fishapod⁺⁺ 틱타알릭Tiktaalik도 이 사실을 틀림없이 깨달았을 테다. 틱타알릭은 3억 7천5백만 년 전에 어두컴컴한 물에서 빠져나와 갯벌을 건너서 캐나다 북동부 해안에 발을 내디뎠다. 고생대 데본기 초에는 지느러미를 임시변통으로 활용하여 해변으로 기어오를 수 있는 동물이

⁺ 살아 있는 생명체가 화학 작용을 거쳐 스스로 빛을 만드는 현상.
⁺⁺ 물고기에서 네발 동물로 진화하는 중간 단계의 동물.

더 있었다. 하지만 이들의 상륙 시도는 일시적이었을 뿐, 틱타알릭처럼 몸무게를 지탱하고 엉덩이를 움직이지는 못했다. 땅에 오르는 일은 확실히 두 세계 사이의 경계를 허무는 일이다. 틱타알릭과 그 이후에 등장한 다리 달린 생명체는 땅을 꾹 내리누르며 일어나서 넘어지지 않게 버틸 방법을 찾아야만 했다. 느릿느릿 걷든, 있는 힘껏 달리든, 폴짝폴짝 뛰든 상관없다. 자기 힘으로 걷는다는 것은 신뢰의 연습이다. 발이나 발톱, 발굽이나 발바닥을 들어올릴 때마다 믿음직한 땅을 맞이하러 반드시 돌아오겠다는 약속을 믿을 수밖에 없다.

물론, 바다에서 육지로의 항해가 성공적으로 끝난 데 만족하지 않고, 땅에서 하늘로 도약하기를 간절히 바라는 존재도 있다. 하지만 무리를 시어서 까마득히 밀리 날아가는 이들도 가족의 유대 같은 개념이나 사교성 같은 자질에 여전히 묶여 있다. 되새Brambling는 너도밤나무 가지에 수백만 마리씩 모여서 겨울을 난다. 그리고 보금자리를 내어준 나무가 먹이를 찾아서 온 동물을 압도할 만큼 열매를 엄청나게 많이 만들어내는 모습을 보고 그대로 배워서 따라 한다. 그래서 근처에 사는 새매는 되새를 엄청나게 많이 잡아먹을 수 있다. 아침에도 되새, 점심에도 되새, 날마다 되새를 잡아먹어도 되새의 까만 머리와 하얀 엉덩이, 부푼 주황색 가슴이 예리한 눈에 자꾸만 들어온다! 이런 포식은 양날의 검이다. 배를 든든히 채우면 힘겨운 시기를 헤쳐나가는 데 도움이 되지만, 어느 날 짹짹 지저귀는 뷔페가 별안간 차려졌을 때 제대로 즐기지 못할 가능성도 있다.

사하라 사막 이남 아프리카를 가로질러서 이주하는 홍엽조red-billed quelea는 뷔페 베테랑이다. 무리에서 뒤쪽에 있던 새는 주변의 들풀이나 곡식 낟알을 말끔히 먹어 치우고 나면 폴짝거리며 앞으로 뛰어나가서 새로운 먹이 전선을 만든다. 컨베이어 벨트처럼 움직이는 이 새 떼를 보고 구름이 굴러가는 것 같다고 말하는 사람들도 있다. 홍엽조가 단지 숫자만 많거나 단지 게걸스럽기만 하다면, 굴러가는 구름이라는 표현이 그토록 불길하지는 않으리라. 아아, 안타깝게도 대개 홍엽조는 숫자도 많은 데다 게걸스럽기까지 하다. 수백만 마리씩 뭉쳐서 다니는 홍엽조 각각은 날마다 곡식 알갱이를 자기 몸무게의 절반만큼이나 배에 꽉꽉 채울 수 있다. 어느 날 아침에 농부의 밭에서 익어가던 테프✦와 수수는 다음 날이면 작은 새의 배 속에 효율적으로 들어차 있다. 비구름이 선물한 것을 홍엽조 구름은

✦ 에티오피아와 주변 지역의 토착 곡물.

빼앗아 간다. 하지만 분노도, 화염방사기도, 유기티오인산염organothiophosphate 농약도 홍엽조의 숫자에 별로 영향을 주지 못하는 것 같다.

흰점찌르레기common starling 떼가 만드는 구름은 성가시기도 하지만, 시적이기도 하다. 구름 같은 찌르레기 무리를 두고 속삭거림murmuration++이라고 부르는 사람들도 있다. 때때로 찌르레기는 감상적인 찬미의 대상이 되기도 한다. 모차르트는 애완 찌르레기 포겔스타Vogelstar에게 <피아노 협주곡 제17번 G장조> 3악장의 첫 선율을 가르쳤다. 시인 새뮤얼 테일러 콜리지는 동틀 무렵 겨울 들판 위로 날아가는 찌르레기 구름이 더 빽빽하고 짙고 어둡게 변하는 광경을 차마 묘사하지 않을 수 없었다.+++ 이처럼 수많은 새가 끊임없이 시골과 도시의 하늘을 날아다니니 새끼리 충돌하는 일은 너무나 흔한 비극이라고 생각하는 사람이 있을지도 모르겠다. 하지만 찌르레기의 뇌는 기본 규칙 단 세 가지만으로 안전하게 날면서도 자연에서 가장 근사한 장면을 연출한다.

++ 이 단어에는 '찌르레기 떼'라는 뜻도 있다.
+++ 콜리지는 1799년 11월에 야간 마차를 타고 런던으로 가던 중, 새벽에 찌르레기 떼를 보고 그 광경을 《비망록The Notebooks of Samuel Taylor Coleridge》에 기록했다.

- 가장 가까이에 있는 동료 일곱 마리를 놓치지 말고 따라가라.
- 각자 자기 몸길이 정도의 공간을 확보하라.
- 다른 새가 정면에서 다가온다면 항상 오른쪽으로 방향을 틀어라.

이 팁을 안다면 당신도 거침없이 대규모 시너지 효과를 낼 수 있다. 혹시라도 행진하는 악단 틈이나 스포츠 경기장에서 파도처럼 밀려오는 군중 한가운데에 끼었을 때, 아니면 붐비는 하늘에서 선회하는 드론의 충돌 방지 시스템을 개선하는 업무를 맡았을 때 이런 팁이 쓸모 있을 것이다. 안타깝게도 찌르레기는 무수히 많은 데다 영리하기까지 하지만, 아직 비행기와 함께 무리 지어 나는 법을 배우지 못했다. 게다가 비행기는 새의 기본적인 비행 지침을 멋대로 무시한다. 1960년, 일렉트라 항공사의 여객기가 미국 보스턴에서 이륙하여 찌르레기 구름 속으로 날아든 후 왼쪽으로(오른쪽이 아니었다) 방향을 틀었다가 근처 윈스럽 해안으로 곤두박질친 사건으로 62명이 목숨을 잃었다. 1초만 더 일찍 이륙했더라면, 1미터만 더 떨어져 있었더라면. 일상에서 삶과 대재앙 사이의 간격이 얼마나 좁은지 깨달으면 정신이 번쩍 든다. 아아, 슬프게도 남부플란넬나방 southern flannel moth과 달리 삶은 어떤 만남이 당신을 기분 좋게 간지럽힐 것인지(나방 형태일 때), 또 어떤 만남이 당신을 고통과 파멸로 떠밀 것인지(애벌레 형태일 때) 분명하게 밝히지 않는다.✦

이처럼 불확실성과 맞닥뜨리면, 무엇과도—외부인이든, 독성이 있는 유충이든, 세상의 그 어느 곳이든—접촉하지 않는 것이 가장 안전하다. 줄과 얼레에서 벗어난 연과 닮은 알프스칼새Alpine swift는 스위스에서 말리까지 왕복 여행하며 최대 일곱 달까지 홀로 높이 날아다닐 수 있다. 날면서 식사하고 낮잠도 잘 수 있다면, 최고로 능률적인 삶을 뒤흔들 위협을 굳이 무릅쓸 이유가 있을까? 결국, 하루에 일곱 번씩 먹이를 주어야 하는 갓 부화한 새끼나 피를 빨아 먹는 기생 흡혈 파리처럼 골치 아픈 문젯거리가 생긴 새만 땅에 내려오는 짐을 진다. 영원히 하늘에 머무르려는 충동은 그 무엇보다도 하늘과 더 오래, 더 가까이에서 대화하려는 마음에 깊이 스며들어 있을지도 모른다. 칼새는 공기역학의 대가이지만 양자역학을 공부하는 학생이기도 해서, 물리적 접촉이 실은 우리와 타인의 전자 배열 사이 척력斥力✦✦을 드러내고자 우리 감각이 만든 환상이라는 사실

✦ 이 나방의 성체는 보슬보슬한 털로 덮여 있지만, 애벌레는 털 같은 가시에 독이 있어서 위험하다.

✦✦ 전기나 자기가 같은 종류인 두 물체가 서로 밀어내는 힘.

을 잘 안다. 아마 칼새는 우리가 만져서 접촉하는 것이 정말로 상대방이 아니라, 우리의 가장 깊숙한 곳에 있는 핵을 둘러싸고 지키는 껍질의 저항이라는 사실을 받아들였을 것이다.✦

무리 지어서 다 함께 움직이고 나아가는 데 익숙한 이들은 이런 생각을 인정하기 어려울 것이다. 그러나 우리는 생각보다 보르네오녹나무Borneo camphor tree의 수줍음 타는 우듬지✦✦와 많이 닮았다. 녹나무는 언제나 서로를 향해 가지를 뻗지만, 절대로 맞닿지 않는다. 그렇지만 다른 이들은 우리 마음을 뒤흔든다. 우리를 묶는 끈이 반드시 물질일 필요는 없다. 틈과 빈 곳이 너무도 많은 우주에는 온 세상 전부를 하나로 모으는 현상이 존재한다. 어떤 사람들은 이것을 중력이라고 하겠지. 다른 사람들은 사랑이라고 할 테다. 사랑한다는 것은 마음속으로 손짓해서 부르는 것이다. 사랑한다는 것은 함께 모이는 것이다. 어쩌면 중력은 사랑의 가장 끈기 있는 형태, 별과 별의 불꽃보다 오래가고 빛과 빛의 덧없음보다 오래가는 사랑일지도 모른다. 중력이 완전히 붙잡지 못하는 유일한 존재는 아마 시간 아닐까. 중력이

✦ 원자 구조 모델에서 전자는 핵을 중심으로 여러 층의 껍질을 이룬다.
✦✦ 나무 꼭대기 줄기.

아무리 시간을 늦추려고 애써도, 시간을 붙들지 못한다. 때때로 이는 사랑에 빠진 것처럼 느껴지리라.

중성자별의 품에서는 중력이 매우 강력하다. 이 별에서 물질은 붕괴할 위험은 없지만, 원자가 서로 최대한 가까이 압축되어 있다. 이처럼 압박이 강할 때면 우리는 이전과 정반대의 소망을 품을지도 모른다. 달아나는 전파처럼 멀리 자유롭게 뛰쳐나가서 지독하게 강렬한 숭배와 끝을 알 수 없는 헌신에서 벗어났다는 안도감을 발산하기를 간절히 바랄 것이다. 이것이 완전하고 복잡하고 모순적인 존재의 비극이다. 우리는 다른 존재와 이어지지 못하는 데 한탄하지만, 다른 존재에 완전히 붙잡힌다는 생각도 견디지 못한다. 우리가 진정으로 바라는 바는 형성 중인 별자리 속 별이 되어서 하늘을 빙빙 도는 것 아닐까. 무언의 중심을 두고 서로 맴돌고, 떨어져 있지만 결코 헤어지지 않고, 절대 완전히 합쳐지지 않지만 서로를 끊임없이 동경하고, 어루만지고, 소통하는 것 아닐까.

온기가 있어야 집이다

왕은 마음이 머무는 곳이 곧 집이라고 노래하겠지만, 어떤 이는 정반대로 생각할 테다. 이동식 궁전 안에 자기 존재와 재산 모두 안전하게 보호하는 것이야말로 으리으리한 캠핑카 주인이나 노래하는 분홍가리비singing pink scallop의 꿈이다. 아, 오늘 오후에는 델라웨어의 아드포리엄Oddporium에 들르고, 내일은 뉴저지 길가의 코끼리를 방문할 수 있다면!✤ 새벽 3시에 파렴치한 불가사리가 슬그머니 염탐하러 왔을 때 문을 쾅 닫고 쏜살같이 떠날 수 있다면! 탁 트인 길이나 바다를 방랑하며 오로지 바람이나 파도의 말에만 귀를 기울이는 것보다 더 자유로운 삶이 있을까. 바람과 파도는 굴oyster처럼 어디 정착하지만 않는다면 온 세상이 당신 것이라고 알려주리라.

당신이 가리비보다는 굴에 더 가까우며 급여를 주는 회사에 매여서 살아가더라도, 당신보다 집에서 벗어나기가 훨씬 더 어려운 이들도 존재한다는 사실에서 위안을 얻기를 바란다. 168세까지 장수했으면서 단 한 순간도 자기 집을 떠나지 않았던 이도

✤ 아드포리엄은 기이한 동물 박제나 빈티지 장례용품 등 각종 신기한 물건을 파는 미국 델라웨어의 가게이고, 뉴저지의 코끼리는 코끼리 형상으로 지은 6층짜리 19세기 건물 '루시 더 엘리펀트Lucy the Elephant'를 가리킨다.

있다. 태평양의 어느 코끼리조개geoduck는 누가 우악스럽게 끄집어낼 때까지 정말로 집에만 틀어박혀 있었다. 바다 바닥의 고운 모래 아래에 단단히 자리 잡은 이 거대한 조개는 칙칙한 껍데기 밖으로 나갈지 말지 깊이 고민한 적도 없었을 것이다(애초에 나가겠다는 생각조차 품지 않았을 테다). 거의 1미터나 되는 코끼리 코 같은 수관++이 수십 년 전에 벌써 20센티미터짜리 집보다 훨씬 더 길어졌는데 집 안에서 꿈쩍도 하지 않았다. 알다브라코끼리거북Aldabra giant tortoise도 마찬가지다. 거북은 세 자릿수나 되는 수명 동안 똑같은 껍데기를 둘러쓰고 똑같은 고리 모양 산호섬을 돌아다니면서 스무 종류쯤 되는 허브와 풀을 돌보고 인도양을 바라본다. 어릴 적 살던 집에 애착을 느끼는 이도 있지만, 어릴 적 살던 집을 아예 등뼈와 갈비뼈에 붙이는 이도 있다. 거북은 등딱지와 배딱지 바깥으로 나갔다가 잡아먹힐 일을 걱정할 필요가 없다. 그 대신 여행 도중 사고를 당하더라도 집에서 벌어진 사고로 처리되고 만다(거북이 여행자 보험 청구를 신청하더라도 보험금 지급을 거부하기가 틀림없이 더 쉬울 것이다). 거북은 그늘이나 동굴 안으로 들어가지 못하면 적도의 태양에 산 채로 구워지고, 상한 소고기와 딱딱한 항해용 빵에 물릴 대로 물린 17세기 선원

++ 조개에서 먹이와 배설물, 호흡수가 드나드는 관.

에게 붙잡혀서 뒤집히기도 한다. 통풍은 어렵고 뒤집히기는 쉬운 운명을 스스로 설계한 자에게 화가 미치리라! 더 끔찍한 것은 집 안 인테리어를 새롭게 바꿀 희망도 없이 매우 오랜 세월을 보내야 한다는 사실이다. 시대를 초월하는 스타일도 있지만, 거북 등딱지의 모자이크는 그렇지 않다. 다행히도 패션 트렌드는 변덕스럽다. 어느 날 상류층에 대한 향수, 고대 로마에서 영감을 받은 스타일이 돌아와서 거북 등딱지 무늬가 유행할지도 모른다.

어린 시절에 머물던 공간과 이미 지나간 시간의 달콤한 위안에 별로 감흥이 없는 이들은 새로운 집을 찾는 데 따르는 어려움과 스트레스를 더 무겁게 느끼기도 한다. 완벽한 세상이라면, 집주인은 당신에게 스위트룸에서 잠깐 머물며 부엌의 색상 구성이 오후의 햇빛에 아름다워 보이는지, 서재에 당신과 짐이 모두 들어갈 만큼 공간이 넉넉한지 확인해보라고 할 것이다. 캐리비안 뭍집게purple pincher hermit crab는 가끔 즉석에서 껍데기 교환 모임을 열어서 새집을 시험해본다. 그럴 때면 소라게 최대 스무 마리가 앞으로 살 집 하나를 놓고 모여서 크기대로 줄을 선다. 크기가 딱 알맞은 소라게가 자기에게 딱 알맞은 새 껍데기를 차지하면,

집을 바꿀 생각에 잔뜩 흥분했던 나머지 게의 열기가 몇 초 만에 식기도 한다. 완벽한 세상이라면, 공가 연쇄 vacancy chain ✦라고 하는 이 사회적 장치 덕분에 누구나 나이가 들면서 조금 더 큰 집으로 옮겨갈 것이다. 하지만 껍데기 쟁탈전 shell game은 비열한 사기나 다름없을 때가 많으며,✦✦ 재수 없는 소라게는 껍데기에서 쫓겨나 집을 잃은 인간보다 더 비참한 처지가 되기도 한다. 세상에는 집을 사고 후회하는 사람만큼이나 껍데기를 맞바꿔 놓고 후회하는 소라게가 많다. 갑각류는 호화스러운 차고가 딸린 꿈의 두 세대용 주택을 놓쳐서 투덜거리는 대신, 오랫동안 터번처럼 잘 두르고 있던 밤나무 껍질을 버리고 핫핑크 뿔소라 껍데기에 넘어갔던 날을 후회할지도 모른다. 핫핑크 껍데기는 완벽해 보였지만, 아늑한 맛이 없었다. 다행히 소라게는 부끄러움도 모르고 경제 이론도 모른다. '죽음의 저당 death pledge' ✦✦✦에 묶인 우

✦ 중·고소득층이 새 주택으로 이사하고 생기는 공가, 즉 빈집으로 저소득층이 이동하는 연쇄적 주거 이동.

✦✦ 'shell game'은 원래 껍데기나 컵 세 개를 엎어 놓고 어느 쪽에 공이 들었는지 알아맞히는 노름을 가리킨다.

✦✦✦ 담보 대출이나 저당을 의미하는 영어 단어 'mortgage'는 옛 프랑스 법률 용어 'morgage'에서 유래했다. 이 프랑스어를 직역하면 말 그대로 '죽음의 저당 death pledge'이 된다. 채무자가 약속한 날에 빚을 갚지 않으면 담보로 설정한 땅을 영원히 빼앗기는데, 이런 상황은 '죽음'이나 다름없다. 반대로 채무자가 빚을 모두 갚으면 담보 계약 자체가 '죽어서' 사라진다.

리와 달리, 바닷가가 깨끗하고 이전 껍데기를 다른 게가 차지하지 않았다면 여러 집을 오가면서 생활한다고 한다.

주택 건설에 훤하고 손재주도 좋아서 보수하느라 손이 많이 가는 허름한 집도 마다하지 않는 이들은 갑각류 세계를 다시 살펴보길. 리모델링에 관한 팁을 많이 얻을 것이다. 긴집게발게 graceful decorator crab는 껍데기에 딸기말미잘 strawberry anemone(진짜 딸기도 아니고 진짜 말미잘도 아니다. 속임수 수준이 이렇게 대단하다)을 붙인다. 털스펀지게 furred sponge crab는 살아 있는 해면 조각으로 등을 덮는다. 스펀지게의 집 꾸미기는 평범한 지붕을 설치하는 일과 비슷하다. 다만 해면 지붕은 호기심 어린 눈길이 게에 쏠리지 않게 막아주고, 호기심을 품고 달려드는 이빨에 화들짝 놀랄 불쾌감을 선사한다. 뾰족뾰족한 해면이나 아스팔트 지붕널을 한 번이라도 씹어본 사람이라면 잘 알 것이다. 셀프 리모델링이라는 토끼 굴로 뛰어드는 일에는 단점이 하나 있으니, 자칫 괴짜가 될지도 모른다. 당신이 집을 너무 철저하게 위장하고 불쾌하게 꾸민 탓에 자주 들르던 오랜 친구조차 집을 찾지 못하거나 견디지 못해서 네 멋대로 하라며 내버려두고 영영 떠나버릴 것이다.

주택 리모델링에 별로 흥미도 없고 신체 조정 능력도 부족한 사람이라면 프랑스 패류학회에서 분기마다 내는 잡지를 구독하는 게 좋겠다. 이 잡지는 손이나 손가락을 아예 쓰지 않고 지은 집을 수없이 소개한다. 잡지를 읽으며 위로를 받을 수도 있고, 잡지 제목에 이름을 빌려준 운반달팽이carrier snail가 속한 속 크세노포라Xenophora에서 영감을 얻을 수도 있다. 운반달팽이에게는 집짓기에 관한 핵심 철학이 한 가지 있다. 공짜로 가져갈 수 있는 자재가 있는데 왜 에너지를 쏟아서 정성스럽게 집을 지어야 할까? 빠르게 팽창하는 우리 집에 이웃의 창고를 붙이면 되는데 왜 철물점에 가서 돈을 주고 목재를 사야 할까? 운반달팽이는 자라면서 껍데기에 온갖 것을 갖다 붙인다. 새로운 일광욕실, 부엌의 아일랜드식 조리대, 뒷마당의 정글짐 중에서 무엇을 하니만 고를지 고민할 필요가 없다. 전부 가질 수 있고, 나란히 이어 붙이기만 하면 된다! 잡다한 물건을 달고 다니는 크세노포라는 주변의 조개껍데기와 조약돌이 서로 딱 달라붙어 있고 싶어 하는지 아닌지 별로 신경 쓰지 않는다. 이런 마구잡이 건설은 건축 법규와 접근성 지침을 준수하지 못할 때가 있다. 하지만 당신이 사는 곳이 (바닷속처럼) 화재 위험이 적으며 이러쿵저러쿵 입방아 찧기 좋아하는 이웃이 호시탐탐 당신의 집을 훔쳐

본다면, 방사형[+] 조약돌이나 물건 쪼가리, 쪼글쪼글한 병뚜껑이 (특히 바닷속에서는) '개 조심' 표지판보다 효과적일 것이다.

  물론, 절도 피해자만 도벽을 질색하지는 않는다. 정직한 방식으로 집을 짓기로 마음먹었다면 금사연[white-nest swiftlet] 건축 사무소에 가서 상담하길 권한다. 끈끈한 유대감으로 맺어진 금사연 한 쌍이 둥지를 공들여 지을 때 쏟는 것은 땀과 눈물만이 아니다. 금사연은 100% 자체 조달한 침으로 둥지를 만드는데, 끈적끈적한 국수 같은 섬유질 침을 뱉어서 벽에 바르고 말린다. 하지만 이 회사에는 주택 건설을 의뢰하지 말고 상담만 하는 편이 더 낫다. 금사연이 설계한 주택은 수요가 많고, 심지어 부유한 고객은 금사연이 더 많이 살 수 있는 건물을 세우기도 한다.[++] 그래야 새가 둥지를 더 많이 지을 수 있기 때문이다. 결국, 금사연이 지은 집은 당연히 시장가가 터무니없이 높아졌다. 제 값어치를 하지 못할 정도로 비싼 데다 밋밋하고 지나치게 비좁기까지 하다. 고급 타액으로 지은 고급 주택에 반드시 돈을 쓰고 싶다면, 마누카[manuka] 꿀로 지은 벌집을 고려하길 바란다. 영양가도 훨씬 높고, 만족스러운 가격으로 거래할 수 있다.

  [+] 중앙의 점에서 사방으로 바큇살처럼 뻗은 모양.
  [++] 금사연의 둥지는 '연와 燕窩'라고 불리며, 고급 중화요리에 쓰인다.

언젠가 당신이 어마어마한 성공을 거머쥐어서 가장 원대한 야심을 펼치는 데 예산이 아무런 문제도 되지 않는다면, 호화롭고 사치스러운 거주지를 마땅히 누릴 수 있다. 심지어 다들 당신에게서 호사스러운 집을 기대할 것이다. 과거의 잉글랜드 저택부터 요즘의 맥맨션McMansion+++까지, 모방할 궁전 본보기는 넘쳐난다. 하지만 주의하라. 당신이 연체동물처럼 강박적인 성격이라서 피보나치수열++++이 완벽하게 구현된 나선형 집을 원한다면 특히 조심해야 한다. 암모나이트 가문이 저지른 실수를 되풀이해서는 안 된다. 내부에 방이 여러 개 있는 껍데기에서 살았던 암모나이트는 한때 가장 전위적인 건축가였다. 숫양과 뱀이 탄생하기도 전에 숫양의 뿔과 뱀의 똬리 같은 나선형을 만들었고, 구둣주걱과 종이 클립이 흔한 가정용품이 되기도 전에 먼저 구둣주걱과 종이 클립의 모양을 만들었다. 하지만 물에 떠다니는 근사한 집을 설계하는 일은 성공의 열쇠일 뿐만 아니라 파멸의 열쇠이기도 하다. 고귀한 피가 흐르는 암모나이트는 바다의 가장 풍요로운 곳에서 진수성찬을 즐기며 거대한 픽업트럭 타이

+++ 번지르르하고 거대하지만 맥도널드 체인처럼 대량 생산한 교외 주택을 경멸조로 가리키는 말.
++++ 앞에 있는 두 숫자의 합이 바로 뒤에 있는 숫자가 되는 수의 배열.

어만큼 살찌울 수 있었다. 하지만 안전한 껍데기 안에서만 지내다 보면 새로운 존재 방식을 배우는 데 실패하기도 한다. 암모나이트가 더 깊숙한 곳에서 살아가는 법을 배웠더라면, 공룡을 모조리 쓸어버린 소행성이 지구에 충돌했을 때 살아남을 수 있었을지도 모른다. 더 검소하게 사는 법을 배웠더라면, 바다조차 썩기 시작할 만큼 탄산염이 부족했던 불경기에 광물 유산을 단념할 수 있었을지도 모른다.✦ 그렇다고 암모나이트의 사치를 비난한다면, 취향과 판단력이 형편없다는 뜻일 테다―우리 종은 대량 멸종 사태를 세 번은커녕 단 한 번도 견디지 못할 것이다. 하지만 바다가 아니라 절벽 표면에서 헤엄치는 암모나이트 층을 보고 있노라면 비통해진다. 암모나이트의 유산은 이제 영원히 과거의 돌 안에 갇혀 있고, 암모나이트의 옛 역할을 기꺼이 맡겠다고 나서는 친척은 오늘날 전혀 없다. 현생 두족류는 짐을 원하지 않는다. 조상의 압박에도, 물의 압력에도 굴하지 않고 바다의 여러 층을 위아래로 오갈 수 있는 이동성을 선호한다. 아직 남아 있는 암모나이트의 흔적은 무엇이든 비밀리에 감춰져 있다. 파라오갑오징어pharaoh cuttlefish는 뼈를 보이지 않는 곳에 깊숙이 숨겨둔다. 네온날오징어neon flying squid는 물려받은 고대

✦ 암모나이트의 껍데기는 탄산칼슘으로 만들어진다.

로마 단검처럼 생긴 뼈를 모자 안에 집어넣고 있다. 일곱팔문어 seven-arm octopus는(사실은 팔이 모두 여덟 개다) 어떤 형태로든 유연함을 발휘하고 싶어서 마지막 남은 스타일렛stylet++ 한 쌍마저 저당 잡히려고 안달이 난 것 같다. 유일하게 앵무조개chambered nautilus만이 가문의 껍데기를 둘러쓰고 있지만, 본래 암모나이트 혈통에서 아주 멀어진 친척일 뿐이다. 아득한 과거 바다의 떠돌이 앵무조개가 혹시라도 가문의 영광을 되찾으려고 시도한다면, 그야말로 터무니없는 시대착오로 보일 테다. 앵무조개는 시간과 장소를 잘못 고른 화석일 뿐, 왕좌를 내놓으라는 거지의 주장은 무시하는 게 최선이다.

왕좌를 노리는 이들이 여전히 있지만, 우리 대다수는 그런 자리에 오르면 롱우드하우스Longwood House의 나폴레옹 보나파르트처럼 느끼지 않을까 싶다.+++ 작은 체구로도 당당한 한편 초조해서 안절부절못하고, 현관에 내어놓은 흔들의자에 앉아서 세인트헬레나섬을 지나가는 배를 유심히 살펴보고, 부당한 감시자들

++ 문어 몸 안에 있는 외부 껍데기의 흔적으로, 구부러진 바늘처럼 생겼다.
+++ 롱우드하우스는 나폴레옹이 세인트헬레나섬에 유배되었을 때 머물던 집이다.

을 염탐하느라 창문의 덧문에 구멍을 뚫고, 곁방이나 마음속 극장에서 지난날의 승리를 되새길 것이다. 집은 눅눅한 한기와 고원의 바람으로부터 폐위된 황제를 어느 정도 보호하겠지만, 지루함과 외로움은 전혀 막지 못한다. 아마 바로 이것이 칼라하리 사막 남부의 떼베짜는새sociable weaver가 유배당하지도 않고 독재에도 반대한 채, 세대를 초월해서 협력하며 살아가는 이유일지도 모른다. 전봇대와 아카시아 위에 지은 떼베짜는새의 둥지 복합단지는 건초 더미처럼 생겼지만, 그 안에 방이 최대 100개까지 벌집처럼 들어차 있어서 마치 호텔 같다. (아침 식사로는 육즙 풍부한 수확흰개미harvester termite에 흰개미 주스를 곁들여서 내온다.) 떼베짜는새의 둥지는 떼베짜는새보다 수명이 10배나 더 길 수도 있다. 그러니까 둥지 짓기라는 가족 사업에서 모두가 정규직으로 일한다는 뜻이다. 여름휴가도 없고, 집단 이주도 없다. 이런 단점은 따로 떼어놓고 정말로 중요한 측면을 살펴본다면, 조류 사이에서 독특한 이 공동생활은 더없이 평화롭고 즐거워 보인다. 둥지의 위치는 최고의 전망을 자랑한다. 각 방은 펄펄 끓는 낮에는 시원하고 쌀쌀한 밤에는 아늑하다. 알을 돌보는 일이나 둥지 청소 같은 업무를 맡을 형제자매와 아들딸, 손자와 손녀가 언제나 곁에 있다. 퍼밀리어챗familiar chat⁺과 담소를 나누고, 벚꽃모란앵무rosy-faced lovebird를 찾아가서 수다를 떨 수도 있다. 이렇게 완벽한데 삶과 집에서 더 바랄 게 있을까? 하지만 어느 공동주택에서나 그렇듯, 떼베짜는새의 둥지에서도 밖에서는 모르는 드라마가 한껏 펼쳐지고 있을 수 있다.++ 떼베짜는새의 지저귐을 해독한다면 대부분이 불평불만일 것이다. 저 새대가리가 입구에 지푸라기 문고리 다는 걸 까먹는 바람에 케이프코브라Cape cobra가 둥지 안에 들어왔지 뭐야. 칼라하리나무도마뱀Kalahari tree skink은 대체 어디서 뭘 엿들었길래 비밀 경보 시스템을 해제한 거야? 나무 밑에 낮잠 자는 임팔라가 너무 많잖아. 우리 지붕 위에 치타가 왜 이렇게 많이 누워 있는 거야? **비상 벌꿀오소리다 벌꿀오소리 벌꿀오소리!** 게다가 피그미새매pygmy falcon가 아예 둥지 안으로 쳐들어와서 눌러앉는 일도 있다. 하루에 한 번쯤은 맹금猛禽이 나무독뱀boomslang을 쫓아낼 수도 있다. 하지만 시간은 부족하고 도마뱀은 말라비틀어졌다면, 가족을 먹여 살려야 하는 경비병이 떼베짜는새를 잡아가기도 한다. 새끼 여러 마리, 심지어는 성체까지 한두 마리 낚아챌 것이다. 그런데 떼베짜는새 공동체는 끊임없이 불만을 쏟아내기는 해도 잘못을

+ 사하라 사막 이남 아프리카의 사막딱새속 새, 'familiar chat'를 직역하면 '친근한 수다'라는 뜻이다.
++ 퍼밀리어챗은 떼베짜는새의 둥지에서 살거나 바로 옆에 둥지를 짓고, 벚꽃모란앵무는 떼베짜는새의 둥지에 침입해서 집을 빼앗거나 같이 생활한다.

너그럽게 용서하며, 식솔을 쫓아내려고 하지 않는다. "내쫓는다고요? 이 불경기에?" 그래서 짹짹거리며 말다툼을 벌이지만, 대개는 화를 누그러뜨린다. 이 참새만 한 둥지 건설업자들은 공동체를 세우기보다 무너뜨리기가 훨씬 더 쉽다는 사실을 잘 알 것이다. 사회 구조를 갉아먹는 무수한 세력에 맞서 싸우려면 소통과 경계뿐만 아니라 때로는 연민도 필요하다.

결국, 집은 그 안에 머무는 존재의 생활을 통해 형성된다. 그래비타스아폴로어소시에이츠Gravitas, Apollo & Associates✦는 여러 암석 행성에 별처럼 황홀한 매력을 부여했을지도 모른다. 하지만 화성은 녹슨 반면 지구는 여전히 생기로 가득한 핵심 이유는 바로 거주민의 특성이다. 고사리아스파라거스asparagus fern와 플랑크톤처럼 부지런한 세입자는 어디에서든 말 그대로 좋은 풍수의 기운을 불어넣는다. 균사체✦✦ 집단의 구성원은 이 세상 그 누구보다 청결에 집착하는 관리인이자 문제 해결사다. 물론, 짖는원숭이howler monkey와 채소장수매미greengrocer cicada처럼 시끄럽고 소란

✦ 그래비타스는 라틴어로 중력을 의미하고, 아폴로는 고대 로마의 태양신 이름, 어소시에이츠는 여러 파트너가 제휴해서 세운 회사를 가리킨다.

✦✦ 곰팡이의 몸을 이루는 실 모양의 세포(균사) 덩어리.

스러운 주민도 있지만, 아무도 이들을 크게 신경 쓰지 않는다. 동네에서 가장 재미있는 파티를 열 줄 알기 때문이다(게다가 매미의 사교계 데뷔 파티는 7년을 기다릴 가치가 있다). 더욱이 제임스플라밍고James's flamingo와 북방합창개구리boreal chorus frog, 비명지르는 긴털아르마딜로screaming hairy armadillo가 이토록 비옥하고, 이토록 산소가 풍부하고, 이토록 재건축이 수월한 행성에 세 들어 살면서 조금 떠들썩하게 군다고 누가 비난할 수 있을까?

그런데 이런 행성에서 사는 특권이 얼마나 대단한지 모르는 이도 있다. 헬륨helium이 그렇다. 헬륨은 게시판에 올라온 다양한 행성 사건이나 이웃의 행사에 아무런 관심을 보이지 않는다. 가끔 어린이 생일 파티에 등장하는 것 말고는. 풍선이나 목의 후두에서 빠져나온 헬륨은 늘 친구도 없이 혼자서 떠돌다가 결국 우주로 나간다. 오직 태양만이 헬륨에게 집이 되어줄 수 있다. 오직 태양만이 헬륨에 목적을 줄 수 있다. 하지만 헬륨이 그 사실을 깨달을 때까지는 너무 오랜 시간이 걸려서, 그때쯤이면 태양은 태양처럼 보이지 않을 것이고 말horse은 말처럼 보이지 않을 것이다(투아타라tuatara+++는 여전히 투아타라처럼 보일 것 같다). 태양은 저장된 수소를 다 써버리면 헬륨에 활동을 모조리

+++ 도마뱀과 비슷한 뉴질랜드 파충류.

맡길 것이다. 압박을 이기지 못한 헬륨은 임무를 받아들여서 빛을 내뿜으며 탄소로 바뀔 것이고,✦ 이 귀중한 탄소는 언젠가 새로운 세계에 사는 새로운 거주민의 심장부를 구성할 것이다. 하지만 이 고귀한 전환은 너무 늦게 이루어져서 이전 세계에 사는 거주민은 이미 떠나고 없는 데다 헬륨의 이름, 아니 모든 이름을 잊어버렸을 이들에게는 아무런 의미도 없으리라.

현재로 다시 돌아오자. 문제를 일으켜 놓고도 처벌받지 않은 채 슬쩍 빠져나가는 세입자는 늘 얼마간 있기 마련이다. 예를 들어, 문짝거미trapdoor spider와 인간 같은 세입자는 방 안에 틀어박혀서 자기 계획에 지나치게 몰두한 탓에 다른 일은 알아차리지 못한다. 물론, 거미류가 세우는 계획 대다수는 지구를 제2의 금성으로 바꾸려는 우리 인간의 활동(금성이 두 개? 같은 태양계 내에?)에 비교가 되지 않는다.✦✦ 제2의 금성이라니, 100배 증가한 이산화탄소 농도나 산성비, 활활 타오르는 화덕 같은 겨울을 싫어하는 이들에게는 안타까운 소식이다. 하지만 유감스럽게

✦ 태양이 늙으면 수소 핵융합 대신 헬륨 핵융합이 시작되면서 헬륨이 탄소로 바뀐다.
✦✦ 금성은 대기의 대부분이 이산화탄소이며 온실 효과 때문에 기온이 극도로 높다.

도 납 대장장이를 제외하면 우리 대다수는 더 시원하고, 더 푸르고, 미친 듯이 날뛰지 않는 지구를 더 좋아한다. 우리 대다수는 오스트레일리아나무고사리Australian tree fern와 나뭇잎해룡leafy seadragon과 기분좋은버섯벌레pleasing fungus beetle와 이 공간을 더 의좋게 나누어 쓰기를 바란다. 진심으로 그렇다. 하지만 그러려면 우리는 배려를 더욱더 늘려야 한다. 소비는 이미 늘렸기 때문이다. 배려의 방향을 바깥으로 돌려서 이 가이아✦✦✦ 블록에 사는 모두의 행복을 아울러서 고민해야 한다. 남과 더불어서 잘 산다는 것은 좋은 이웃이 된다는 뜻이다. 무를 심은 밭 아래로 파고든 별코두더지star-nosed mole와 수련이 핀 연못의 펌프킨시드pumpkinseed fish✦✦✦✦와 전자제품 안으로 들어간 라즈베리미친개미rasberry crazy ant와 사이좋게 지내는 법을 배울 수 있다면, 우리는 후회로 가득한 헬륨 같은 미래에서 벗어나 집과 마음이 만나 온기를 피우는 미래로 나아갈 수 있을 것이다. 그런 단란한 가정이라면 모두가 번창할 수 있고, 마음껏 뛰놀 수 있고, 아름답게 빛날 수 있지 않을까.

✦✦✦ 그리스 신화에 나오는 대지의 여신.
✦✦✦✦ 북아메리카의 작은 민물고기.

4.

교류

Utter,
Earth

플로리다목수개미Florida carpenter ant는 호신용 개미산을 이용해서 몸 내부를 소독한다. 터키콘도르Turkey vulture는 자기 발에다 대소변을 눠서 발을 깨끗하게 하고 열기를 식히는 습성urohidrosis이 있다. 인간 위 내부의 pH 값은 육식동물이나 잡식동물보다는 썩은 고기를 먹는 동물과 더 비슷하다. 독소플라스마 원충 toxoplasma gondii에 감염된 침팬지는 주요 포식자인 표범의 소변 냄새에 이끌린다. 학계는 1억 년 전 프시타코사우루스Psittacosaurus의 다목적 배설강✦을 공식적으로 설명했다. 멜라닌 색소에 짙게 물든 공룡의 엉덩이는 개코원숭이 수컷의 엉덩이처럼 다양한

✦ 양서류와 파충류, 조류 따위에서 배설기와 생식기를 겸하는 구멍.

사회적 신호를 보내는 기능을 맡았을 것이다. 심해어 16종은 몸에 있는 멜라닌으로 빛을 99.5% 이상 흡수해서 이 '울트라 블랙' 위장으로 몸을 숨긴다. 중국에서 전통 약재로 쓰이는 밝은 초록색 꽃 *사사패모*Fritillaria delavayi는 채취하려는 인간의 눈길을 피해 갈색과 회색처럼 산에서 덜 눈에 띄는 보호색을 진화시켰다. 아프리카퍼프애더African puff adder[+]는 개와 미어캣의 코를 피하고자 화학적 은폐 기술을 활용한다. 사자는 토피영양topi과 물영양waterbuck, 누wildebeest뿐만 아니라 얼룩말의 윤곽도 볼 수 있다. 하지만 쇠등에horsefly는 줄무늬가 없는 동물에 비해 줄무늬가 있는 동물의 몸에 내려앉는 데 어려움을 겪는다. 호박벌은 방문한 꽃의 전기장[++]을 감지하고, 식별하고, 변경할 수 있다. 1990년대 이후 야생벌 종의 4분의 1이 공식 기록에서 사라졌다.

[+] 위협받으면 몸을 부풀리는 아프리카 독사.
[++] 전기를 띤 물체 사이에 작용하는 전기의 힘(전기력)이 미치는 공간.

호흡의 네 단계

1. 들이마시기

아프리카코끼리의 코는 일본의 고속철도 신칸센보다 더 빠르게 공기를 빨아들일 수 있다. 순록의 코는 들이마신 공기의 온도를 1초도 안 되는 짧은 시간 안에 80도까지 올릴 수 있다. 앙킬로사우루스Ankylosaurus는 코뿔소만 한 나선형 부비강[+]을 호두만 한 뇌를 식히는 에어컨으로 썼을 것이다. 사이가산양saiga antelope은 콧구멍을 크게 부풀릴 수 있는데, 이 콧구멍은 산양이 떼를 지어 이동할 때 피어오르는 먼지구름을 걸러내기 위해 진화했을지도 모른다. 2015년, 전 세계 사이가산양의 3분의 2가 세균성 비강[++] 감염으로 사망했다. 미얀마들창코원숭이Myanmar snub-nosed monkey는 비가 내리면 콧구멍으로 빗물이 들어가서 재채기하지 않도록 머리를 무릎 사이에 숙이고 앉는다. 재채기는 커다란 자극을 받으면 콧속을 깨끗이 비우려는 생물학적 반응이다. 《미국 코 과학 및 알레르기 저널The American Journal of Rhinology and Allergy》은 1948년부터 2018년까지 보고된 독특한 재채기 관련 부상 52건을 분류해서 발표했다. '재채기를 참으면' 내부 기도에 가해지는 압력이 2천% 이상 늘어날 수 있다. 생물학자들

[+] 　머리뼈에 있는 공기 구멍.
[++] 　콧구멍에서 목젖 윗부분까지의 빈 곳.

은 민물해면$^{\text{freshwater sponge}}$에 재채기를 유발하는 약물을 주입하여 신경계가 없는 생물이 환경에 어떻게 반응하는지 파악하고자 했다. 최근 어느 연구진은 꽃이 재채기하듯 뿜어낸 꽃가루 화석에 관해 설명했다.

2. 기체 교환

치타는 전력으로 질주하는 동안 분당 150번이나 호흡할 수 있다. 포유류의 남다른 특징은 유연한 횡격막 근육이다. 미국에서는 해마다 약 4천 명이 딸꾹질로 병원에 입원한다. 딸꾹질이 한 달 넘게 지속된다면 난치성 딸꾹질로 진단한다. 임상 연구 결과, 돼지와 생쥐는 창자로 호흡할 수 있다는 사실이 밝혀졌다. 미꾸리dojo loach와 페퍼드코리도라스peppered corydoras는 산소가 없는 환경에서 뒤창자를 통해 산소를 흡수할 수 있다. 녹색털거북green-hair turtle으로도 알려진 메리리버거북Mary River turtle은 배설강 근처에 아가미 같은 구조가 있어서 며칠 동안 물속에 들어가 있을 수 있다. 이 덕분에 엉덩이호흡거북bum-breathing turtle으로도 불린다. 황철석에 보존된 삼엽충 화석을 살펴보면, 다리 윗부분에 잘 발달한 아가미가 보인다. 보르네오납작머리개구리Bornean flat-headed frog는 폐 없이 오직 피부로만 호흡한다는 사실이 발견된 최초의 개구리다. 연어 근육에서 살아가는 세포 10개짜리 기생충은 해파리의 먼 친척인데, 숨 쉴 필요가 전혀 없다는 사실이 밝혀진 최초의 동물이기도 하다.

3. 잠깐 멈추기

무호흡은 호흡이 일시적으로 멈춘 상태다. 회색바다표범grey seal 새끼는 물웅덩이에서 노는 걸 무척 좋아하는데, 성체가 되면 숨을 참는 능력이 훨씬 더 좋아진다. 일부 해양 포유류는 산소를 골격근에 직접 '다운로드' 하는 덕분에 물속에서 더 오랫동안 활발히 움직일 수 있다. 동남아시아의 바다 유목민, 바자우족Bajau은 무호흡으로 바닷속을 누비는 생활방식에 적응하느라 비장✦이 커졌다. 코스타리카의 도마뱀 워터아놀water anole은 정수리에 붙은 공기 방울을 임시 수중 호흡기 산소 탱크처럼 쓸 수 있다. 미국악어American alligator는 폐의 위치를 조정해서 공기 주머니처럼 쓰기 때문에 물속에서 조용하고 은밀하게 움직일 수 있다. 다이빙할 때는 폐를 뒤로, 수면으로 올라올 때는 앞으로, 구를 때는 옆으로 보낸다. 심해의 녹점숱아귀coffinfish는 물속에서 최대 4분까지 숨을 참는다고 최초로 보고된 물고기다. 메뚜기는 조직의 산화 손상을 줄이고자 숨구멍을 통한 호흡을 정기적으로 멈춘다. 학계는 비만인 유카탄미니돼지Yucatan miniature pig를 실험 대상으로 삼아서 폐쇄성 수면 무호흡증을 연구한다.

✦ 척추동물의 기관으로, 오래된 적혈구나 혈소판을 파괴하고, 백혈구의 일종인 림프구를 만들어낸다.

심한 코골이로 인해 생기는 진동 탓에 상기도가 상하고 무호흡증 치료 과정이 방해받기도 한다. 유방암 환자가 5분 동안 숨을 참는 연습을 하면 방사선 치료의 정확성이 높아질 수 있다. 웨들바다표범 새끼는 남극 빙상 아래에서 헤엄치는 법을 처음 배울 때 6분에 한 번씩 숨을 쉬어야 한다. 어린 바다표범에게 흔한 사망 원인은 제때 숨 쉴 구멍으로 나가지 못해 익사하는 것이다.

4. 내뿜기

태곳적에 화산이 폭발한 덕분에 바닷가 지역이 비옥해지고 최초로 산소를 생산하는 생명체가 번성할 수 있었을 것이다. 생명체는 지구 역사 속 '지루한 10억 년'Boring Billion[+] 동안 웃음 가스, 즉 아산화질소nitrous oxide[++]를 대사했을지도 모른다. 고생대 페름기에 대량 멸종이 터졌던 때에는 미생물이 대기로 황화수소hydrogen sulfide를 내뿜었으므로 지구 역사상 악취가 가장 고약했을 것이다.[+++] 물리학자들은 실험실에서 태양풍과 플라스마 '트림'을 재현할 수 있었다.[++++] 마지막 빙하기 말에 남빙양[+++++]의 깊숙한 내부에서 이산화탄소가 대량으로 방출되었다는 증거가 있다. 왕펭귄 군집은 배설물을 통해 엄청난 양의 아산화질소를 배출한다. 소에게 해초 성분 사료 첨가제를 먹이면 위장에 고인 가스를 뿜거나 트림할 때 나오는 메탄을 크게 줄일 수 있다. 성인과 달리 아기는 침팬지처럼 숨을 들이마실 때나 내쉴

[+] 18억 년 전에서 8억 년 전 사이, 지구의 환경과 생물 진화 측면에서 거의 변화가 없었던 시기.
[++] 아산화질소를 흡입하면 몸이 붕 뜨거나 취한 느낌이 들고 안면근육 마비로 웃는 것처럼 보여서 웃음 가스라고 불린다.
[+++] 황화수소는 특유의 달걀 썩는 냄새가 난다.
[++++] 태양풍은 태양에서 분출되는 플라스마의 흐름이다.
[+++++] 남극 대륙을 둘러싼 해역으로 1년 내내 얼음에 덮여 있다.

때 모두 웃는다.[+] 흰고래$^{beluga\ whale}$를 관찰했더니, 입과 분수공[++]으로 네 가지 유형의 거품을 불어서 날렸다. 대개 재미로 한 행동이었다.

[+] 성인은 날숨 때 웃는다.
[++] 고래나 상어 따위에 있는 작은 구멍으로 공기나 물이 드나든다.

평생 가는
친구 사귀기

동기 부여 연설가인 데일 카네기는 《인간관계론》을 집필할 당시 새로운 관계를 맺는 데 어려움을 겪고 있었을지도 모른다. 어릴 적 어울려 놀 때나 대학 시절에는 그토록 쉬웠던 일인데, 어른이 되었더니 노력을 더 쏟아야 하는 것처럼 느껴졌을 테다. 만약 당신도 집과 직장만 오가는 우울한 생활에 빠져 있다면, 새로운 우정을 애타게 바라지만 어디서부터 시작해야 할지 모르겠다면, 카네기의 영원한 베스트셀러 속 첫 장 첫 구절을 읽고 용기를 내서 근처 벌집을 찾아가 꿀을 모아보길 바란다(벌집을 차서 엎어버리면 안 된다). 양봉장은 몹시 유쾌한 친구들이 북적거리는 중심지다. 이처럼 수준 높은 친밀함을 가리키고자 곤충학자 수잰 버트라 Suzanne Batra 박사는 1966년에 '진사회성eusociality'✦이라는 용어를 만들기까지 했다. 누구와 친구가 될지 결정하는 일은 물론 당신의 몫이다. 하지만 꿀벌과 친구가 되면 직접적인 달콤한 보상 이상의 혜택을 얻는다. 꿀벌과 함께 소풍을 떠나면 오래 살았던 동네를 새로운 시각으로 보는 법을 배울 수 있다. 바둑판처럼 난 길을 직선으로 걸어가거나 가게를 순서대로 지나가는 대신, 계절에 따라 서로 다른 꽃의 보이지 않는 안내를 받으며 이곳저곳을 불규칙하게 골라서 돌아다니자. 여

✦ 두 세대 이상의 구성원이 함께 살면서 협력하고 이타적으로 행동하는 현상.

기에는 이른 봄에 피어난 설강화, 저기에는 향긋한 민들레! 이곳에는 향이 아찔한 라일락과 여름 라벤더, 저곳에는 고개를 까닥이는 양파꽃과 탐스러운 수레국화! 게다가 당신이 혹시라도 춤을 배우고 싶다면, 당신 곁의 꿀벌 친구가 가장 품위 있는 춤을 가르쳐줄 테니 다른 강사를 찾지 않아도 된다. 꿀벌의 언어이자 꿀벌의 공식 발표라는 두 가지 기능을 맡은 탄츠스프라헤 tanzsprache++ 스타일을 미리 철저하게 조사하고 싶을지도 모르겠으나 그럴 필요는 없다. 당신의 댄스 파트너는 오스트리아의 동물행동학자 카를 폰프리슈 Karl von Frisch가 평생을 바쳐서 해독하려고 노력한 춤을 당신이 넷밖에 안 되는 팔다리로 익힐 수 있으리라고 기대하지 않을 것이다. 그저 몸을 8자로 흔들면서 즐기면 된다. 여름에 일벌은 겨우 6주 정도 살다가 가지만, 당신과 함께 있는 동안은 잠시나마 휴식을 즐길 수 있을 것이다.

관심사가 비슷한 이들과 가까워진다면 우정을 더 오랫동안 지킬 수 있다. 무엇을 좋아하는지 꼬치꼬치 캐묻지 않아도 되고, 여러 면에서 사이좋게 어울릴 수 있다. 가끔 함께 취미를 즐기

++ 꿀벌의 춤 메시지를 가리키는 독일어.

는 사이가 되어도 괜찮다. 어색한 분위기를 깨고 유대감을 쌓기에는 대중적인 스포츠가 무의미한 잡담보다 더 낫다. 이웃의 흰바위산양rocky mountain goat과 함께 암벽타기를 즐겨보면 어떨까? 근처에 사는 필리핀날원숭이Philippine colugo와 행글라이딩에 도전하는 건? 집 가까이에 소금기 섞인 석호⁺가 있다면 줄무늬물총고기banded archerfish 떼와 파리 사냥을 시도해도 좋겠다. 다만 이런 모험을 시작하기 전에, 열정적으로 뛰어들 준비가 얼마나 되어 있는지 꼼꼼히 확인해야 한다. 당신의 새 친구들은 아마추어 운동선수라서 암벽타기를 위해 갈라진 발굽을 진화시켰거나, 나무 사이를 날아다니려고 온몸에 비막을 둘렀거나, 젊음을 다 바쳐서 물과 공기 사이의 굴절각을 극복하는 까다로운 사격 기술을 갈고닦았다. 공통의 취미에 진심으로 열정을 불태운다면, 이 진정한 달인들이 평생의 동료이자 스승이자 친구가 되어줄 것이다. 혹시 몸과 마음의 열렬한 헌신이 부담스러워서 망설여진다면, (벌레에 물총을 쏘는 대신) 마음 편하게 수다를 떨 물고기 친구도 많으니 걱정하지 말자. 더 가볍고 편안한 일을 찾는다고 해서 부끄러워할 필요는 없다. 우정을 지킨답시고 억지로 거짓된 모습을 꾸며낼 필요도 없다. 진실한 모습을 숨겼다가는 어느

✦ 모래가 만의 입구를 막아서 바다와 분리되어 생긴 호수.

날 해발고도 4천 미터에 경사가 60도나 되는 절벽에서 가장 소중한 친구이자 역대 최고의 동료라고 믿었던 이에게 버림받을지도 모른다. 그러면 그냥 지역 피클볼 pickleball⁺⁺ 리그에나 가입할 걸 하고 후회할 것이다—차라리 오버헤드 스매시를 날릴 때마다 호통이 떨어지는 편이 낫지. 취미가 전부인 친구와 그토록 많은 시간을 함께하는 일은 현명하지 않다는 사실도 뒤늦게 깨달으리라.

우정의 변덕과 실패를 받아들이자. 모든 관계가 잘 풀리는 것은 아니며, 어떤 관계는 불꽃이 타오르자마자 푸시시 소리를 내며 꺼지고, 수년에 걸쳐서 천천히 맛이 변하는 관계도 있음을 인정해야 한다. 오랫동안 참을성 있게 다정한 관계를 쌓아간다면 맛이 더욱 좋아진다. 부엌 조리대에서 발효되는 초모 mother of vinegar⁺⁺⁺와 같다. 이 살아 있는 초산균 복합체는 단맛만 느껴지는 단조로운 일상에 톡 쏘는 묘미와 복잡한 풍미를 더한다. 하지만 보툴리누스 식중독처럼 해로운 만남도 있다. 이런

++ 테니스와 배드민턴, 탁구를 조합한 스포츠.
+++ 알코올을 초산으로 바꾸는 발효 과정에서 만들어지는 생물막으로, 씨간장이나 씨된장 같은 역할을 한다.

경우, 스쳐 지나가는 만남이라도 몸과 마음을 모두 해치기도 한다. 이처럼 나를 마비시키는 관계라면 끊어내는 것이 최선일지도 모른다. 예를 들어 우리 종은 천연두를 뿌리째 없애버렸고―속이 시원하다―, 최근에는 우역牛疫✦을 물리쳤다. 가우르gaur✦✦와 혹멧돼지warthog를 비롯해 발굽이 있는 동물에게는 천만다행이다.

    만약 당신이, **당신이** 가해자라면 어떨까? 견디기 어려운 일이다. 젊은 시절에 어리석게도 다른 사람들의 선한 영향력을 밀어내고 친절과 지혜를 무시하며 경솔한 짓을 저지르지 않은 이가 과연 있을까? 우리가 아메리카들소American bison와 맺은 고통스러운 관계를 생각해보라. 우리는 들소를 당연하게 여겼고, 들소의 너그러움에는 한계가 없다고 믿었다. 해마다 우리는 집과 옷을 만드는 데 쓸 가죽과 식량을 얻고자, 또 잔인한 스포츠를 즐기느라 들소를 사냥하고 또 사냥했다. 6천만 마리가 어느덧 541마리로 줄어들자 지칠 대로 지친 들소는 떠나버렸다. 들소가 여전히 경계하는 것도 당연하다. 우리가 상황을 바로잡아서 조금이나마 보상하려고 노력하더라도 경계를 풀지 않는다. 들소를 비난할 수는 없는 노릇이다. 회복할 수 없는 상처도 있

✦   바이러스로 발생하는 소 전염병.
✦✦   인도들소라고도 불리는 야생 소.

는 법이니까. 우리가 여행비둘기passenger pigeon에게 입힌 상처가 그렇다. 우리는 선량한 여행비둘기 30억 마리를 세상에서 없애버렸고, 끝내 외로운 비둘기 마사Martha 단 한 마리만 남았다. 마사도 우리를 용서하지 못한 채 한 세기 전에 죽었고, 이제 유령이 되어 우리를 쫓아다닌다. 우리가 지난날 저지른 나쁜 행동을 마주하면 고통스럽겠지만, 앞으로 더 건강한 관계를 맺으려면 이런 과정을 거쳐야 한다. 우리는 과거의 잘못에서 배울 수도 있고, 그렇지 않을 수도 있다. 우리는 미래에 더 나아지기 위해 노력할 수도 있고, 그렇지 않을 수도 있다.

되돌아올 수 없는 이들을 기억하다 보면, 단짝이었던 이들의 운명도 곰곰이 생각하게 된다. 지금은 이들 모두 사회관계망에서 사라지고 없어서 남극해에 사는 부리고래만큼 멀리 떨어져 있다. 아르누와 앤드류, 헥터와 사토를 만나 맥주잔과 오징어 안주를 놓고 밀린 이야기를 나누면 얼마나 좋을까!+++ 하지만 서로 일정을 맞추기가 힘든 상황 탓에 다시 끈끈한 우정을 쌓기가 참 어려운 것 같다. 이제 그 관계들은 남극해에 사는 부리고래들처

+++ 각각 아르누부리고래, 앤드류부리고래, 헥터부리고래, 사토부리고래를 가리킨다.

럼 멀리, 심지어 두 번째로 가까운 인간 거주지도 동서남북 같은 방향이 아니라 궤도 방향에, 국제우주정거장이 위치한 궤도에 있을 정도로 아득하다.

먼 데까지 찾아가는 대신 과거를 살펴보는 것은 어떨까? 페이스북에 접속해서 오래전에 다른 길을 선택한 이들, 당신이 전 세계를 여행하려고 집을 떠났을 때 그대로 고향에 남아 뿌리를 내린 이들을 찾아보자. 포유류 계통군인 아프로테리아상목 afrotheria('아프리카의 야생동물'이라는 뜻인데, 고등학교 헤어 메탈+ 밴드 이름처럼 들린다)의 일부가 이처럼 고향에 머물렀다. 아프로테리아상목에는 바위에서 사는 바위너구리 rock hyrax와 땅벌레를 우적우적 씹어먹는 텐렉 tenrec++이 있다. 둘 다 고향 대륙에서 한 발짝도 나간 적이 없는데, 요즘에는 듀공 dugong이나 코끼리처럼 전 세계에 진출한 형제의 그늘에 가려서 빛을 제대로 보지 못하고 있다. 특히 코끼리는 어찌나 유명해졌는지, 같은 아프로테리아상목 친척인 코끼리땃쥐 elephant shrew가 이름을 셍기 sengi로 바꾸어야 했다.+++ 하지만 현지에서는 상징적인 긴 주둥이를 흔든 최초의 주인공이 바로 코끼리땃쥐라는 사실을 모두 잘 알고 있었다.

+   1970년대 후반부터 1980년대 초에 유행한 헤비메탈의 하위 장르.
++   작은 고슴도치처럼 생긴 마다가스카르산 동물.
+++ 동물학자 조너선 킹던 Jonathan Kingdon이 1997년에 아프리카의 반투어에서 비롯한 이름 '셍기'를 제안했다.

옛 친구의 운명을 돌이켜 생각하면 애달프고 구슬퍼진다. 그러나 살면서 사이가 멀어진 과정과 이유를 곱씹는 일은 별로 유익하지 않다. 우정을 다지는 것도, 무너뜨리는 것도 운명일 때가 많다. 어느 날 당신은 가까운 물웅덩이에서 죽이 잘 맞는 친구를 사귄다. 입맛을 돋우는 간식과 각양각색의 손님 때문에 당신과 친구 모두 그 물웅덩이를 소중히 여길 것이다. 당신은 이 특정한 장소 바깥의 세상과는 마음이 잘 통하지 않는다는 사실을 깨달을 수도 있다. 하지만 그때쯤이면 이미 기후와 고객층이 바뀌며 물웅덩이가 사라지고 없을지도 모른다. 당신이 해변을 새로운 정기 모임 장소로 제안하며 상황을 잘 풀어보려고 진지하게 노력하더라도 똑같은 문제가 벌어질 수 있다. 친구들 사이의 조화는 변덕스러우며, 해변은 믿지 못할 갈림길, 고유한 드라마와 매력이 살아 숨 쉬는 경계 세계가 되기도 한다. 황금두더지golden mole와 매너티의 공통 조상도 오래전에 이 사실을 발견했을 테다. 하나는 소금 냄새와 굽이치는 파도에 이끌렸고, 다른 하나는 따뜻한 모래알에 발가락을 찔러 넣었다. 고작 이것으로 둘이 함께한 시간은 끝을 맺고 말았으리라. 하나는 해초의 유혹에 귀를 기울였다가 두 번 다시 뭍으로 돌아오지 않았고, 다른 하나는 모래 언덕 아래에서 새로운 삶을 시작하고자 땅을 파고 들어갔다. 미묘한 취향 변화가 결국 영원한 이

별을 불러온 사례는 이뿐만이 아니다. 엄밀히 따지자면, 이 이별은 한마디로 종 분화speciation⁺다. 주변에 늘 도사리고 있으면서 모든 형태의 동료애를 끊으려 드는 힘이다.

유대는 얼마나 부서지기 쉬운지! 각 관계는 얼마나 깨지기 쉬운지! 그러니 관계의 싹이 움트기 시작하면 소중히 가꾸어야 하고, 묘목이 훌쩍 자라면 튼튼한 참나무로 키워야 한다. 그런데 인연의 씨앗을 뿌리고 새싹을 돌보는 일이 남들보다 더 수월한 이들이 있다. 혹시 당신이 외향적이라면, 에너지가 대개 내면으로 향하는 이들에게 당신이 먼저 다가가야 마땅하리라. 어떤 친구는 베트남아기사슴silver-backed chevrotain처럼 수줍음을 많이 탈지도 모른다. 외부와 상호작용하기를 너무나 꺼려서 다시 얼굴이라도 보려면 29년이나 걸리기도 한다. 심지어 약간 스토커 같더라도 카메라 트랩⁺⁺을 설치해야 겨우 볼 수 있을 것이다. 하지만 이처럼 적극적으로 나서지 않는다면, 사랑스러운 아기사슴은 물론이고 멋진 고양잇과 동물 역시 제대로 알지도 못할 것이

⁺ 다양한 종으로 분화하며 새로운 종이 만들어지는 진화 과정.
⁺⁺ 야생 동물의 움직임이나 체온을 감지하면 자동으로 사진을 찍는 카메라.

다. 아프리카황금고양이$^{\text{African golden cat}}$는 4년 내내 꾸준히 파티에 초대해야 고작 한 번쯤 나타날 뿐이고, 네팔의 표범은 티베트푸른양$^{\text{blue sheep}}$과 야생 아이벡스^{ibex}를 스토킹하느라 바쁘다. 현지에서 히응치투와$^{\text{heung chituwa}}$로 불리는 이 표범은 당신 앞에 나타나는 은혜를 베풀지 않더라도 오히려 부재를 통해 강렬한 인상을 남긴다. 이제 세상을 떠난 작가 피터 매시슨$^{\text{Peter Matthiessen}}$도 그런 경험을 했다. 그는 유령 같은 고양이를 찾아 헤매고도 결국 만나지 못한 일에 책 한 권과 순례 전체를 바쳤다. "눈표범을 본 적이 있는가?" 매시슨이 말한다. "없다! 멋지지 않은가?"[+++]

관계의 위태로움을 깨닫는 이 순간, 당신은 마치 운명인 듯 강렬했지만 단 한 번밖에 이루어질 수 없는 만남을 떠올릴지도 모르겠다. 소피아 코폴라 감독의 영화 <사랑도 통역이 되나요?>가 현실에서 벌어졌다고 생각해보라. 다만 주연을 맡은 배우 빌 머리가 노래방에서 노래하는 장면도 짧고, 도쿄의 시부야 교차로를 지그재그로 통과하는 장면도 줄어든 버전으로 생각해야 한다. 가이 체스터 쇼트리지$^{\text{Guy Chester Shortridge}}$와 프레더릭 헨드릭

[+++] 피터 매시슨은 히말라야 티베트고원에서 눈표범을 찾아 헤맸던 두 달간의 여정을 《눈표범$^{\text{The Snow Leopard}}$》(1978)에 담았다.

엔더르트Frederik Hendrik Endert에게도 그런 만남이 찾아왔다. 쇼트리지는 어느 날 남아프리카공화국 구나에서 기록상 유일한 비사지황금두더지Visagie's golden mole를 발견했다. 엔더르트는 보르네오섬의 케물산에서 벨벳벌레잡이통풀velvet pitcher plant의 유일한 표본을 발견했다. 그리고 오세닥스 무코플로리스Osedax mucofloris의 모든 성공 이야기 밑바탕에는 불가능해 보이는 단 한 번의 만남이 존재한다. 뼈먹는콧물꽃벌레bone-eating snot-flower worm✦는 해저에서 고래 사체를 만나지 않는다면 삶에 아무런 의미가 없기 때문이다. 이 벌레에게 고래 사체 찾기는 삶의 목적이다. 지방과 뼈로 분해된 고래 사체는 바다 오아시스를 만들어서 아득히 깊은 바다 밑바닥의 하찮은 벌레에게 영양분을 공급한다. 죽어서 심해로 낙하하는 고래와 벌레의 만남은 이처럼 커다란 힘을 발휘한다. 이 단 한 번의 만남은 운명으로 얽힌 기적과도 같다. 폴 토머스 앤더슨 감독의 영화 〈매그놀리아〉와 주제곡이 말하듯이(역시 세기의 전환기에 만들어진 이 작품도 고집스럽고 제멋대로인 인물들의 교차점을 다룬다) 하나가 가장 외로운 숫자라면, 모든 만남은 구원으로 볼 수 있을 것이다. 단 1초 만에 끝나든 평생 이어지든, 만남은 잊혀서 망각으로 사라지는 일을 거부하는 회피

✦ 죽은 고래의 뼈를 먹고사는 오세닥스 무코플로리스의 학명을 직역한 속명.

로 볼 수 있을 것이다. 여기, 두 영혼이 잠시 섞이다가 멀어진다. 삶이 변한 채로.

결국, 우리가 갈망하는 것은 바로 이 공명共鳴일지도 모른다. 우리에게는 세상으로 스며들 수 있는 세포가 있다. 우리는 우리 자신의 경계 바깥에서 우리를 공허 너머로 끌어당길 다른 이의 손을 간절하게 찾는다. 앙투안 드 생텍쥐페리의 가장 유명한 우화에서 어린 왕자가 밀밭에서 서로를 길들이자는 사막여우의 제안을 받아들였을 때, 소년은 단순한 소년 이상의 존재가 되었고 여우는 단순한 여우 이상의 존재가 되었다. 이 특별한 상태가 오래도록 이어지지 않더라도 의미는 크다. 생텍—친구들은 그를 이렇게 불렀다—은 덜 알려졌지만 《어린 왕자》 못지않게 아름다운 회고록 《인간의 대지》에서 이 상태의 키다란 의미를 서정적으로 표현했다.

만약 당신도 운이 좋아서 그런 우정을 맺고 수십 년 동안 변함없이 굳건하게 지키고 있다면, 어린 왕자와 여우가 작별 인사를 건넬 때 느꼈던 감정을 이해할 것이다. 둘은 헤어지며 눈물을 흘리면서도 진정으로 미소 지을 수 있다. 둘은 서로가 얼마 동안은 상대를 의미로 가득 채웠다는 사실을 안다. 서로가 앞으로 홀로, 그러나 사실은 함께 걸어갈 여정을 위해 상대를 담금질했다는 사실도 안다. 지난날 함께 거닐었던 들판을 흔들던 익숙한 바람을 느끼며 늘 마음을 달랠 수 있고, 필요하다면 기억에서 상대를 불러내면 된다. 그러면 된다.

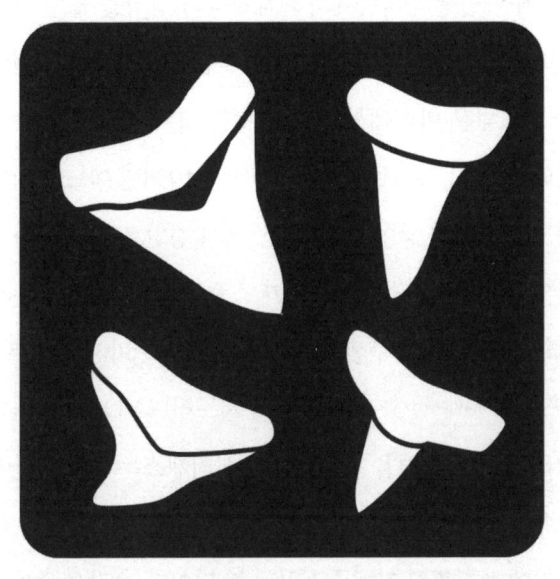

고대의 이상야릇한 생명체가 전하는 지혜

최근 인생의 바다에서 항해하다가 방향을 놓친 것 같다면, 먼저 닻을 내린 후 원로elder에게 길잡이를 부탁하는 편이 최선이다. 드넓은 바다에서 그런 원로를 낚아 올리기를 바랄 수도 있다. 헨드릭 구센Hendrik Goosen 선장은 1938년 어느 아침에 배를 타고 나갔다가 남아프리카 해안에서 정말로 믿을 만한 원로를 낚았다. 하지만 잡은 물고기가 스승이 될 자격이 있는지 제대로 확인해야 한다. 구센이 잡아온 물고기는 마저리 코트니래티머Marjorie Courtenay-Latimer✦가 통통한 지느러미 네 개와 강아지 같은 꼬리를 보고 자격을 판단했다.✦✦ 실러캔스는 4억 년 만에 조언 요청을 받고 깜짝 놀라겠지만, 충고를 선뜻 받아들일 줄 아는 제자에게 기꺼이 지혜를 전하려 할 것이다. 수많은 종이 변덕스러운 세상의 변화에 굴복하여 몸에서 돌출한 부분을 발굽으로, 지느러미를 날개로 바꾸는 동안 홀로 남아 바다를 무사히 헤쳐나간 비법을 밝힐 수도 있다. 실러캔스는 오랜 숙고 끝에 다른 동물의 모험은 전부 종 분화에 따른 이별과 너무 이른 파멸로 이어졌다고 결론 지으리라. 연륜의 위엄이 깃든 이 물고기는 지혜

✦ 남아프리카공화국 이스트런던 박물관의 직원으로, 구센이 잡은 실러캔스를 학계에 보고했다.
✦✦ 실러캔스는 고생대부터 현재까지 꾸준히 대를 이어 생존해온 물고기로, 3억 6천만 년 전 화석과 오늘날 발견되는 생물의 형태가 별로 다르지 않아서 살아 있는 화석이라고 불린다. 양서류로 진화해서 육상생활에 적응한 다른 물고기와 달리 옛 모습 거의 그대로 심해에 남았다.

를 말로 전달하지 않을 테다. 뇌가 너무 멍해서+++ 말을 떠올릴 수 없고, 넓게 벌리기에만 알맞은 입으로는 오래 말할 수도 없기 때문이다. 하지만 실러캔스는 쇠사슬 갑옷 같은 비늘을 반짝거리며 변화에, 슬픔에 단호하게 맞선다. 깊이 파고들어라. 마음을 굳게 먹고 버텨라. 세상이 당신을 버렸을지라도, 너 자신을 잃지 마라.

실러캔스의 가르침이 당신의 처지와 별로 관련이 없거나 진정한 통찰을 드러내지 못하는 것 같다면, 더 접근하기 쉬운 땅 위의 존재와 교감하는 건 어떨까? 이번 스승은 쉽게 찾을 수 있다. 보행로 근처에 서서 새의 노랫소리와 디젤 자동차 매연을 숙고하는 모습을 당신도 종종 보았을 테다. 은행나무는 선종 불교 사찰에서든 시내 중심가에서든 똑같이 편안하게 지낸다. 은행나무가 살아온 이야기를 듣고 있노라면 건실한 성격과 결단력, 2억 5천만 년 전부터 나아갈 길을 개척한 진취성에 경외감이 든다. "태양 아래 새로운 것은 없느니," 사촌 소철과 먼 친척 침엽수가 동요하며 외쳤다. "푸르른 상록수가 존재하는 전부이자

+++ 머리에서 뇌가 차지하는 용량이 1.5%에 지나지 않는다.

앞으로 존재할 전부니라!" 고생대 페름기에도 자신만만했던 청소년[※] 은행나무는 눈부신 황금 갈기를 처음으로 펼쳐 보이며 응수했다. 계절에 따라 벗을 수 있는 화려한 겉옷이나 가을의 멜랑콜리를 여전히 모르던 연로한 친척들은 소스라치게 놀랐다. 이후로는 그 어떤 것도 은행나무가 처음 세운 대담한 위업에 필적할 수 없었다. 훗날 온 지구를 뒤덮은 꽃의 물결도 은행에는 견줄 수 없었다. 꽃을 피우는 식물은 감히 은행에 도전하려고 나서지 않는다. 꽃 덕분에 동물과 협력해서 열매를 맺고 보는 눈을 즐겁게 해주지만, 꽃조차 조각 같은 부채꼴 은행 잎사귀에 스며든 강렬하고 선명한 색깔 앞에서는 흐릿해질 뿐이라는 사실을 잘 안다.

지금쯤 당신은 지질 시대만큼이나 오래 산다는 것은 홀로 쓸쓸히 산다는 뜻이라고 생각할지도 모르겠다. 아마 당신의 생각이 옳을 것이다. 오래 살다 보면, 대체로 남들을 먼저 떠나보낼 때가 많기 때문이다. 그래서 아주 오래 묵은 생명체 가운데 일부는 의지할 곳 없이 외로운 삶의 말로를 피하고자 어디로든 자

[※] 은행나무는 고생대 페름기부터 존재했고, 페름기 대멸종을 버티고 살아남았다.

유롭게 뻗어나가는 생활을 선택했다. 거북도 마찬가지다. 거북은 재즈 마스터처럼 탄탄한 기본기와 즉흥 연주의 재능을 자랑스러워 한다. 껍데기를 기본으로 장착하고 지느러미발로 바다를 노련하게 저어 나아가고, 껍데기를 피아노 다리처럼 받쳐 고지대와 건조한 땅을 걷고, 껍데기 끝에 유혹적인 혀와 날카로운 부리를 장착해 지나가는 신기한 것들이나 호기심 많은 행인을 끌어들이기도 한다. 껍데기는 거북에게 필수일 테지만, 거북의 잠재력을 제한하지는 않는다. 등딱지를 이고 사는 순응성에서 놀라운 창의성이 흘러나오며, 이 두 가지가 하나로 만나서 오래도록 연대할 수 있다. 그러므로 길에서 벗어난 어느 거북 혈통이 외딴섬에 올랐는데 불쑥 나타난 염소에게 관목 덤불을 빼앗기더라도, 아니면 모래 해변에 올랐는데 불쑥 솟아난 리조트에 고요한 밤을 빼앗기더라도 거북 집회는 북적거릴 것이다. 붉은귀거북red-eared slider이 미끄러지듯 모여들고 노린배거북yellow-bellied slider이 차곡차곡 자리를 채우고, 악어처럼 입을 쩍 벌린 악어거북alligator snapping turtle과 트림하는 장수거북leatherback sea turtle이 소란을 피울 것이다. 그래서 거북이 존재하고, 아주 오랫동안 살았고, 혼자가 아니라는 사실을 세상에 자랑스럽게 선포할 것이다.

아마 당신은 그저 오래 살면서 유명해지는 것만으로는 부족하다고 생각할 테다. 확신에 차서 자신 있게 앞으로 나아가는 법이 몹시 궁금하겠지. 상어와 이야기하면서 조언을 구하면 어떨까? 상어는 오래전에 삶마저 유선형 몸처럼 능률적으로 바꾸었고, 한 치 앞도 볼 수 없는 밑바닥부터 가장 높은 꼭대기까지 어디에서나 성공할 만한 틈새 영역을 개척하는 기술을 갈고닦았다. 상어도 실러캔스처럼 말수가 적으며, 먹이를 맛보는 일을 위해 입을 아끼는 편이다. 하지만 직접 만나서 얼굴을 마주 보면 깨달음을 얻을 수 있다. 상어는 상대를 한입 깨물어서 면식을 쌓을 때 이빨을 빼내서 마치 명함처럼 건넨다. 상어 이빨을 자세히 살펴보면 필요한 삶의 철학을 배울 수 있다. 얼룩말상어 zebra shark의 치밀하고 편평한 이빨은 끈기 있게 노력하라고 조언한다. 근육을 움직여서 투지 있게 이빨을 쓰면 당신이 꿈에 다가서지 못하도록 가로막는 장벽을 으스러뜨릴 수 있다.✦ 반면에 짧은지느러미청상아리 shortfin mako shark의 바늘처럼 뾰족한 이빨은 반짝반짝 빛나지만 미끄러워서 놓치기 쉬운 최우선 목표를 정확하게 물고 늘어져서 절대 놓아주지 말라고 가르친다. 백상

✦ 얼룩말상어는 주요 먹이인 갑각류를 먹을 때 이빨로 껍데기를 박살 낸다.

아리great white shark의 이빨은 가장자리가 톱니처럼 들쭉날쭉한 삼각형인데, 삶의 커다란 목표에 달려들어서 더 작은 덩어리로 잘라버리는 게 비결이라고 알려준다. 그러면 씹지 않고도 소화할 수 있다.

  하지만 주의하라. 모든 상어가 성공하지는 않는다. 돌묵상어basking shark의 이빨은 흔적에 지나지 않아서 충고를 들어봤자 별로 쓸모가 없다―지금이 백과사전 방문 판매를 시작할 절호의 기회라는 조언과 비슷하다. 게다가 이 상어는 생활방식도 게으르다.⁺⁺ 이 글에서 과연 유익한 정보를 뭐라도 얻을 수 있을지 의구심을 버리지 못한 수많은 독자처럼 삶의 지침을 찾는 이들에게 좋은 본보기가 되지도 못한다. (반쯤은 상어고 반쯤은 술이 달린 카펫이나 다름없는 수염상어wobbegong처럼 인내심을 발휘하라.⁺⁺⁺) 검목상어cookie-cutter shark는 속으로는 메스껍고 겉으로는 구멍이 뻥 뚫린 듯한 느낌을 줄 것이다. 이 상어는 순진하게 아무것도 모르고 있던 가시 많은 커다란 물고기나 둔한 물개의 몸통은 물론이고 잠수함의 고무 부분에까지 달라붙어서 살점을 동그랗게 도려

 ⁺⁺ 돌묵상어는 입을 크게 벌리고 천천히 유영하면서 입으로 들어오는 플랑크톤을 걸러 먹는다.

 ⁺⁺⁺ 수염상어는 입가와 머리에 난 피부 돌기가 수염이나 카펫의 술처럼 보인다. 움직이는 일이 많지 않고 언제나 바다 밑바닥에서 가만히 있으며, 위장을 이용해서 가까이 다가오는 물고기를 잡는다.

내어 먹는다고 알려졌다. 그렇다고 너무 가혹하게 비난하지는 말자. 입에 띠톱을 물고 태어났다면 하늘이 내려준 선물을 잘 활용하는 것이 현명한 자세다. 게다가 악명은 매력적인 특징일 수 있고, 평판은 이빨만큼 오래갈 수 있다.

하지만 아무리 악명을 떨치더라도 앞서 설명했던 암모나이트처럼 언젠가는 사라지고 말 것이다. 세상을 떠나고 없는 이 해양 연체동물은 더없이 정교한 유물을 남겼다. 그러나 다 지나고 나서 돌이켜보면, 영원하리라 생각했던 일조차 덧없어 보인다. 특히 암모나이트보다 훨씬 더 먼저 원대하게 움직였던 삼엽충의 위업 앞에서는 전부 무상해 보인다. 당신이 어떤 업적을 세웠든 암모나이트나 삼엽충에 견주면 무색해질 것이다. 부드럽고 무른 유해는 나선형 껍데기나 키틴질⁺ 외골격만큼 잘 보존되지 않는다는 사실만으로도 확실히 알 수 있다. 그렇지만 삼엽충처럼 살려고 노력해도 아무 의미가 없다. 삼엽충이 무엇이든 가장 먼저 보았고, 어디로든 가장 잘 퍼져나갔다는 사실을 받아들이자. 삼엽충은 복잡한 눈을 진화시켜 가장 얕은 해안에서 가장

✢ 곤충이나 갑각류의 딱딱한 피부나 외골격을 이루는 물질.

깊은 심연까지 길을 찾았다. 바다를 떠나 하늘 가까이 올라가서 삼엽충의 집단적 그림자collective shadow++를 피하려고 해봤자 소용없다. 삼엽충은 자주 뭉쳐서 놀러 다녔던 미국 오클라호마와 모로코가 서로 인접했던 까마득한 과거에+++ 지구에서 가장 높은 봉우리까지 올라가서 흔적을 남겼다. 더욱이 에베레스트가 산이 되겠다는 야망을 품기 훨씬 전에++++ 아이젠이나 산소마스크도 없이 그저 날쌔게 정상에 올랐다. 삼엽충이 적극적이면서도 우쭐거리며 뻐기지 않아 참 다행이다. 안 그랬다가는 우리 모두 삼엽충의 지난날 공적을 끝도 없이 듣게 될 것이다. 이런 자랑은 과거의 후회에 대한 한탄으로 여지없이 이어지기 마련이고, 탄산칼슘으로 만든 영광+++++에 갇힌 이들은 장황하게 회한을 늘어놓을지도 모른다.

++ 집단 무의식의 일부로, 인류 역사의 일반적인 악과 어둠, 공포를 내포한다는 융의 개념.

+++ 삼엽충이 살았던 고생대 데본기에 모로코는 곤드와나라는 초대륙의 일부였고, 오클라호마는 유라메리카 대륙의 일부였다. 당시 두 지역은 비슷한 위도에다 서로 가까웠으며, 해양 환경도 거의 같았다. 그래서 두 지역에서 발견되는 풍부한 삼엽충 화석은 매우 유사하다.

++++ 고생대에 에베레스트산을 포함해 히말라야산맥은 얕은 바다였다.

+++++ 삼엽충의 외골격을 구성하는 주성분은 탄산칼슘이다.

무슨 일을 하든 큰 의미가 없다는 사실을 깨달으면 자기 계발에 전념하다가도 기가 꺾일 수 있다. 하지만 이런 깨달음은 미래를 추구하기보다 현재에 집중해야 한다는 교훈으로 이어지기도 한다. 이 같은 통찰을 얻으려면 광대에게 조언을 청해야 한다. 현실에서 벗어나 도를 깨우치는 데 초점을 맞추는 현자와 선지자, 또는 소속과 성공에 집착하는 동료와 전문가와 달리 광대는 삶의 부조리한 핵심을 꿰뚫어본다. 너구리판다$^{red\ panda}$가 바로 그렇다. 사랑스러운 겉모습에 갇힌 이 늙은 영혼은 아무런 친척도 없어 외로우면서도⁺ 친구로 두기에는 지나치게 야단스럽고, 몸단장에 까탈스러우면서도 오래도록 걸으며 쏘다니기를 마다하지 않는다. 너구리판다가 삶에서 바라는 것이라곤 우적우적 씹을 대나무와 발을 늘어뜨린 채 낮잠 잘 만한 나무뿐인 것 같다. 어쩌면 와락 덤벼들기 연습용 호박까지 원할지도 모르겠다. (너무 우울해서 인생에 아무런 의미도 없는 것 같은 날에 대비해 너구리판다가 호박을 보고 펄쩍펄쩍 뛰는 영상을 유튜브 재생 목록에 저장해놓자.) 중국 서부의 구름 자욱한 산림지대와 히말라야산맥에서 개체 수가 점점 줄고 있으면서도, 현실의 벼랑과 실존의 벼랑 위

⁺ 대왕판다 등 판다와 같은 계열로 여겼지만, 현재는 유전적으로 아주 멀다는 사실이 밝혀졌다.

에서 아슬아슬하게 균형을 잡고 있으면서도 하얀 마스크를 쓴 얼굴은 걱정하는 기색을 조금도 드러내지 않는다. 어쩌면 너구리판다는 자기가 어떤 궁지에 몰렸는지 모르는 게 아닐까. 아니면 반대로 모든 운명과 쇠퇴를 이해하고 온전히 받아들였기 때문에 매 순간을 영원으로 여기고, 아침 햇살의 달콤한 따스함과 봄에 돋아난 새싹의 산뜻한 풍미, 까만 고리를 낀 적갈색 꼬리로 몸을 감쌀 때 느껴지는 행복을 마음껏 즐기는 걸지도 모른다. 우리가 너구리판다의 가르침에 귀를 기울이고 운명을 받아들일 수 있다면, 너구리판다처럼 세상을 향해 내 마음을 가장 활짝 펼치는 동시에 보는 이의 마음을 사르르 녹이는 자세로 꼿꼿하게 서서 두 팔을 높이 들어 올릴 수 있다면 아주 커다란 비밀을 알게 될 것이다.

5.
압박

원예용품점에서 파는 네오니코티노이드neonicotinoid 살충제는 곤충의 하루 주기 리듬을 교란할 수 있다. 북아메리카 서부의 박쥐는 흰코증후군white-nose syndrome에 걸리면 겨울잠에서 깨어나야 하고, 먹이가 없는 겨우내 열량을 낭비하다가 굶어 죽는다.✦ 초파리에게 음식을 선택하게 해주면 수명이 줄어들 수 있다. 제왕나비 애벌레Monarch caterpillar는 먹이인 유액을 분비하는 식물이 부족하면, 경쟁자를 해치우려고 서로 박치기한다. 남방해달southern sea otter은 따뜻한 물에서 자라는 조류가 만들어내는 신경독 도모산domoic acid을 먹으면 심장병에 걸릴 위험이 커

✦ 박쥐는 동면하는 동안 면역 체계가 거의 기능하지 않아서, 이 질병에 대응하려면 깨어나야 한다.

진다. 폭우로 서식지의 염도가 낮아지면 연안에 사는 돌고래는 '담수성 피부병'에 걸려서 몸의 최대 70%까지 병변으로 뒤덮일 수 있다. 흰꼬리사슴white-tailed deer 새끼 가운데 침의 코르티솔✦ 수치가 높은 개체는 포식 동물의 사냥과 상관없이 생존율이 낮다. 인도기러기bar-headed goose는 산소 수준이 정상적인 환경에서 안정을 취할 때보다 일곱 배나 더 빠르게 과호흡하면서도 기절하지 않을 수 있다. 때때로 큰부리바다오리thick-billed murre의 새끼는 나는 법을 완전히 터득하기도 전에 절벽의 둥지에서 바다로 몸을 던진다.

✦ 급성 스트레스에 반응해서 분비되는 호르몬으로, 스트레스에 대항하는 데 필요한 에너지를 공급하는 역할을 맡는다.

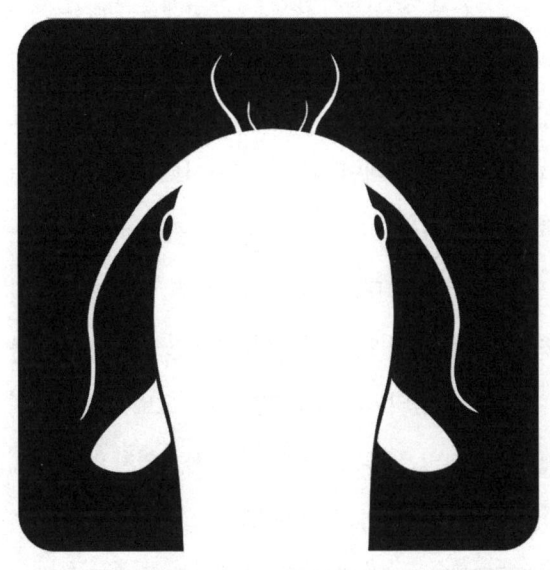

물고기처럼
논쟁하는 법

살다 보면 당신은 가정假定의 영역에 갇히고 말았다는 사실을 깨달을 것이다. 다들 특정한 장소에서 사는 존재와 마주치면 *아, 당신은 이런 존재군요, 그러니까 이러이러하겠네요*라고 단정하곤 한다. 그럴 때면 나는 물고기이므로 분류될 수 없다고 분명하게 말하라. 물고기는 칸칸이 나뉜 좁은 비둘기장pigeonhole✦에 들어갈 필요가 없다. 이처럼 반응하면 상대는 약간 당황스러워하거나 어리둥절해할 것이다. 그러면 당신은 기회를 놓치지 말고 물고기가 되어서 미끈거리는 몸으로 꿈틀거리며 빠져나가면 되고, 수많은 물고기처럼 아직 식별되지 않아 정의할 수 없는 상태로 머물 자유를 누리면 된다.

가정의 영역에는 당신을 구석으로 몰아서 통발에 밀어 넣으려는 자들이 있을 것이다. 논쟁의 그물을 던져서 당신을 옴짝달싹 못 하게 만들고, 당신의 기를 꺾어놓을 것이다. *이보세요, 당신은 분명히 물고기가 아니에요. 물고기는 유선형 몸에 비늘이 있는 냉혈동물인데, 당신은 전혀 아니잖아요. 그러니까 다른 동물인 게 틀림없어요. 자, 터무니없는 말은 이제 그만하시죠.* 이럴 경우, 당신의 토론 능력과 참여 의지에 따라 물고기답게 반응하면 된다. 개복치Mola mola처럼 굳건한 자세를 보여주

✦ 이 단어는 칸막이 비둘기장을 가리키지만, '분류하다'나 '정리함의 작은 칸'도 의미한다.

고 싶다면, 어떤 모욕이라도 받아들이고 기생충 같은 골칫거리를 대수롭지 않게 여기며 이겨내야 한다. 불같이 화를 내뿜고 싶다면 참다랑어처럼 폭발적으로 열을 내도 되겠지만, 자칫 그 열에 당신의 속이 다 타버릴 수도 있다.✚✚ 그런데 이 글을 읽는 독자라면 약간 교활하고 걸핏하면 싸우려 드는 외톨이 물고기가 아닐는지. 그렇다면 수사학을 전공한 말뚝망둥어mudskipper처럼 의미론의 수렁에 빠질 기회를 즐겨도 좋겠다. 어쩌면 웰스메기wels catfish와 만타가오리manta ray, 곰치moray eel를 대변해서 우리라고 전부 비늘이 있는 것은 아니라고 쏘아붙일 수도 있을 테다. 뿔복cowfish과 양볼락과 물고기scorpionfish의 상자 같은 신체 구조를 흉내 내면서 우리라고 전부 몸이 유선형인 것은 아니라고 콕 집어 알려줄 수도 있다. 붉평치opah는 하와이에서 살짝 떨어진 바다를 누비느라 바쁘지만 않다면 체온을 항상 일정하게 유지하는 일에 관해 수다스럽게 떠들 것이다.✚✚✚ 그건 그렇고 나도 지금 당장 하와이 바다로 헤엄쳐 가고 싶다. 그러니 실례가 안 된다면, 당신도 두 번째 탈출 기회를 놓치지 말고 조용히 빠져나가라.

✚✚ 참다랑어는 격렬하게 움직이며 큰 힘을 쓰면 몸에 열이 많이 발생하며, 커다란 몸집에서 열이 빠져나가지 못하면 살이 뜨거워지다가 익게 된다.
✚✚✚ 2015년에 붉평치가 온혈 어류라는 사실이 처음 밝혀졌다.

어떤 논쟁이든 단점이 있다. 상대를 제대로 흔들어놓지 못하면 역효과가 나서 도리어 상대의 독이 바짝 오르곤 한다. 상대는 역으로 당신의 주장을 공격하며 물고기를 조롱할지도 모른다. 물고기라니, 참 안타깝군요. 평생 물속에 갇혀서 아무런 기쁨도 모르고, 따분하게 끝도 없이 빙글빙글 헤엄치며 살아야 하잖아요. 다행히도 이런 말은 입장을 굽히지 않고도 쉽게 반박할 수 있다. 이렇게 말해보자. 내가 암초 가장자리를 따라 한가롭게 거니는 붉은입술부치red-lipped batfish라면요? 바위 웅덩이 사이를 걸어 다니는 데 중독된 견장상어epaulette shark라면요? 이러면 공격 위치로 돌아가서 상대의 허를 찌를 수 있다.✦ 내가 물에서 공중으로 높이뛰기 세계 기록을 보유한 열대성 날치일 수도 있다는 생각은 안 해봤어요? 눈앞의 존재가 실은 비범한 예술가이자 건축가라고는 생각하지 못했나 보죠? 난 BBC One 방송사의 대히트 다큐멘터리 시리즈 〈라이프 스토리〉에도 출연한 적 있는 흰점꺼끌복white-spotted pufferfish인데, 이제 새로운 모래 조각상을 만들 참이라고요.

✦ 붉은입술부치와 견장상어는 지느러미로 걸어 다닌다.

하지만 상대가 악의로 우기거나 일부러 반대 의견만 집요하게 내세운다면 이처럼 애써서 주장의 근거를 대봤자 헛된 일이 될 수도 있다. (모두가 찬성할 때 일부러 반대 의견을 제시하는 이를 '악마의 변호인devil's advocate'이라고 하는데, 참 어리석은 태도다. 지하 세계의 군주가 노련한 대규모 변호인단에 확실히 의지할 수 있는데도 보통 사람을 대리인으로 내세우는 것이나 다름없다.) 상대는 괜히 신경을 건드리면서 당신이 일부러 감추고 있던 사적인 정보를 캐내려 할지도 모른다. *물고기 중에서 어떤 종류죠? 왜 하필 물고기라고 하는 건가요?* 전부 그들이 머릿속에서 만든 수족관에 당신을 잡아넣으려는 수작이다. 영원토록 변하지 않고, 오류 없이 완벽하고, 절대 흔들리지 않고, 지극히 신성하다고 믿는 벽 뒤에 당신을 가두려는 수작이다.

아직 언쟁에 지치지 않았다면, 권위에 호소해서 상대의 주장과 사고 체계를 무너뜨리자. 이런 논증은 대개 논리 오류이지만, 당신은 상대의 미끼를 알아차리고 역으로 미끼를 던지는 데 능숙한 물고기이므로 이번에는 허용할 수 있다. 게다가 이 기습 공격은 크게 존경받고 세계적으로 유명한 아동문학 작가인 닥터 수스Dr. Seuss의 재미있는 책에도 나와 있다. 남다르고 독특한 물고기의 예시를 들고 싶다면 물고기가 주인공인 닥터 수스의 베스트셀러를 참고하라. 어떤 책인지 내가 굳이 소개할 필요도 없을 것이다.+ 특히 3쪽을 보면 "배에 작은 별이 있는 물고기"랑 "작은 차를 탄 물고기"도 있다. 8쪽에는 "뜨겁고 뜨거운 햇볕 아래서 재미로 달리기"를 좋아하는 물고기도 나온다. 책에 등장하는 물고기의 종류와 형태, 색깔과 팔다리 개수가 제각각 다양하다는 사실을 잊지 말자. 빨간 물고기도, 파란 물고기도 있고 팔다리가 두 개, 네 개, 여섯 개나 그 이상인 물고기도 있다. 하지만 그 누구에게도 자기가 누구인지, 무엇인지, 왜 그런지 대답하지 않는다.

상대는 닥터 수스에게는 아무런 권위도 없다고 우길 테다. 걱정하지 않아도 된다. 17세기 프랑스 파리의 의과대학과 신학부처럼 더 높은 권위에 의지하면 된다. 의대 교수와 가톨릭 교회는 비버가 완벽한 물고기이므로 사순절 동안 먹어도 좋다고 선언했다.++ 이보다 300년 더 앞서서 제정된 법령을 인용하는 건 어떨까? 잉글랜드의 에드워드 2세는 '진상어'royal fish+++에 영국 해안에서 약 4.8킬로미터 이내에서 잡히는 고래를 포함했

+ 《물고기 한 마리, 물고기 두 마리, 빨간 물고기, 파란 물고기One Fish, Two Fish, Red Fish, Blue Fish》를 말한다.
++ 광야에서 금식하는 그리스도의 수난을 기리는 사순절 기간에는 술과 육식을 금한다.
+++ 잡히면 왕이나 왕의 칙허를 받은 사람에게 진상해야 하는 물고기.

다(이다음 조항에는 돌고래도 포함했다).†††† 고래의 물고기다운 자질이 너무나도 뛰어나서 왕의 존중을 받아 마땅하다고 생각했기 때문이었다. 더 최근의 판례도 살펴보자. 미국 캘리포니아에서는 주의 멸종 위기종 보호법에 따라 호박벌이 물고기로 규정되며, 따라서 이웃 샤스타가재Shasta crawfish와 샤스타도롱뇽Shasta salamander과 동등한 보호를 받는다는 사실을 지적하면 좋겠다. 참, 가재와 도롱뇽도 표준 어류 기준에서 벗어난 존재다. 교황의 명령, 국왕의 칙령, 구속력 있는 법령이 털이 복슬복슬한 물고기와 온몸에 지방을 두른 물고기, 꽃을 무척 좋아하는 물고기를 모두 아우르니, 이것으로 가장 사악한 적수와 그의 변호인에게 탄원한다면 바라건대 마침내 당신을 놓아줄 것이다.

이 마지막 부분은 어느덧 날이 저물어 해가 지고 있는데도 물러나지 않고 자기가 아는 현실만 옳다고 우기는 이들에게 붙잡힌 불운한 이들을 위한 것이다. *하지만 그건 과학이 아니잖아요! 과학을 받아들이세요!* 이들은 이제 모든 예의와 공손함을 버리고 당신에게 소리칠지도 모른다. 당신이 정말 물고기일 리 없잖

---

†††† 고래와 돌고래는 어류가 아니라 포유류다.

아! 물고기 혈통도 아니고, 물고기 조상도 없고, 물고기와 아무런 피도 섞이지 않았다니까!

상대가 이렇게까지 반응하면, 우선 쳐다보는 눈이 없는 곳으로 이동해서 예전에 분기학자cladist✦와 나눈 대화 내용을 밝히도록 하자. 분기학자는 지금처럼 진절머리 나는 언쟁 끝에 '어류'라는 용어가 요즘에는 꽤 쓸데없는 분류군이라고 털어놓았다. 물고기를 포함하는 어떤 계통군이든 정의상 물고기가 아닌 존재도 포함해야 하며, 따라서 이 모든 분류 활동은 학문적으로 무의미해진다. 우리가 모두 물고기이거나, 우리 중 그 누구도 물고기가 아니다. 이런 곤경을 맞닥뜨린 당신은 물고기란 존재하지 않는다는 개념 대신 우리 모두 물고기라는 개념을 기꺼이 옹호하고 완전히 포용하기로 마음먹었다.

그러면 상대방은 당신의 폭로 때문에 그야말로 혼란에 휩싸여서 질문할 것이다. 왜 무엇이든 의미하면서 아무것도 의미하지 않는 집단에 속한다고 이렇게까지 바득바득 우기는 거죠? 그러면 당신은 어깨를 으쓱하고 반문하면 된다. 왜 당신은 다른 이들이 자기 자신을 스스로 정의하고 분류하도록 친절을 베풀거나 존중을 보이지 않겠다고 이렇게까지 바득바득 우기

✦ 분기학은 종의 형질을 분석해서 종 사이의 진화적 유연관계에 관한 가설을 세우는 학문 분야다.

는 거죠?

바라건대, 상대가 대응 방법을 고민하는 동안 주변이 어둑해지면서 밤이 내려앉을 것이다. 이처럼 상대가 꾸물거리며 시간을 벌면, 근처에 아무도 없이 단둘만 남을 기회가 찾아온다. 바로 이 순간, 논쟁을 끝내도록 하자. 풍선장어gulper eel처럼 입을 쩍 벌리거나, 수염드래곤피시barbeled dragonfish처럼 유연한 관절로 턱을 한껏 아래로 내리거나, 블랙스왈로어black swallower처럼 배를 쭉 늘이거나, 아직 발견되지 않은 심해의 징그러운 물고기로서 무엇이든 해야 할 일을 해서 아무것도 모르는 멍청이를 꿀꺽 삼키면 된다. 우연히도 이 멍청이는 예전에 대화를 나누었던 분기학자와 비슷한 맛이 난다. 둘 다 자기가 세운 하찮은 가정의 영역을 지키는 데 똑같이 집착했다. 둘 다 절대 이해하지 못하겠지만, 물고기가 펄떡거리는 이 흙탕물에 제 발로 뛰어들 만큼 똑같이 어리석었다. 논쟁에서 입 아프게 떠들지 않고도 승리하는 법은 존재한다.

꿈 포기하기

때때로 삶은 뜻대로 풀리지 않는다. 당신의 어릴 적 간절한 소원이 하늘을 나는 것이었더라도, 운명이 나쁜 시력과 적록 색맹을 안겨주는 바람에 비행기 조종사가 될 자격을 빼앗길 수도 있다. 이런 단점 때문에 땅에 발이 묶인 당신은 주금류ratite[+]에게 연민을 느낄지도 모르겠다. 에뮤와 키위, 화식조cassowary 등이 잡다하게 모인 주금류는 대체로 하늘로 날아오를 야망을 펼칠 용골 돌기[++] 없이 태어난다. 하지만 이들 주금류와 달리 당신은 이륙 허가를 받을 기회가 아직 있다. 항공기를 제대로 조종하는 능력을 증명할 문서만 있으면 된다. 하지만 이 차선책도 완벽하지는 않다. 당신은 상업 비행도 불가능하고, 조종석의 버튼이 활주로의 조명과 공모해서 당신의 시각 회로를 혹사할 밤에도 비행기를 몰 수 없다. 삶은 이루어질 수 없는 꿈도 있다며 이처럼 미묘한 방식으로 말하는 것 같다. 그런데 당신은 티나무tinamou처럼 되고 싶지도 않을 테다. 티나무는 날지 못하는 주금류에서 유일한 예외로, 복장뼈에 용골 돌기는 있지만 방향타 역할을 할 꼬리가 거의 없다. 그래서 이 가여운 새는 겁에 질려 푸드덕 날다가—누구도 깜짝 놀라서 날고 싶지는 않을 것이다—

[+] 날개가 불완전해서 날지 못하는 대신 다리가 튼튼하여 걷고 달리기를 잘하는 새.
[++] 새의 복장뼈에서 날개를 움직이는 근육이 붙은 돌기.

정지한 물체에 자고새 같은 몸을 갖다 박기도 하고, 죽음을 맞기도 한다—누구도 하늘 높이 나는 중에 이런 결과를 떠올리고 싶지는 않을 것이다. 이번에도 어떤 꿈은 기술적으로 이룰 수 있더라도 이루지 말아야 한다고 삶이 말하는 것 같다.

가끔 당신은 꿈으로 가득하지만, 그 어떤 꿈에도 강한 의지가 없을지 모른다. 그렇다면 분산 투자로 실패할 위험을 줄이면 된다. 달걀을 여러 바구니에 나눠서 담고 무슨 일이 일어날지 지켜보도록. 두 세계를 오가며 사는 양서류는 젤리 같은 가능성을 낳을 때 이런 방식을 선택한다. 어쩌면 운이 따를 수도 있다. 알에서 빨간눈청개구리red-eyed tree frog가 튀어나와서 사진발 잘 받는 인재를 찾는 연예 기획사와 마주칠 수도 있다! 군서슬렌더도롱뇽gregarious slender salamander이 스르르 기어 나와서 가장 사교적인 반려를 만날 수도 있다! 하지만 아마 아무 일도 일어나지 않을 것이다. 애써 보살피지 않은 희망은 대체로 갈대 사이에 도사린 기회주의자에게 잡아먹히거나, 잘못된 방향으로 휩쓸려 가거나, 황량한 물가에 버려져서 바싹 말라버린다. 이런 상황에서는 마구잡이식 방법을 버리고 단 하나의 야망만을 품은 채 더 확실하고 견고한 기반을 향해 나아가는 편이 더 현명할 테다. 양막류$^{amniota+}$는 고생대 석탄기 이후에 이 방식을 선택했다. 이들은 각 염원이 어느 정도 안전한 곳에서 보호받을 수 있도록 그 자체로 튼튼한 바구니이기도 한 알에 투자했다. 알 껍데기가 고무 같은지, 단단한지, 아니면 어미의 몸 안에 들어 있는지는 각 파충류와 조류, 포유류 제조사에 따라 다르다(자유재량의 여지도 약간 존재하는데, 아나콘다$^{green\ anaconda}$는 자기 자신을 작게 복제한 것 같은 새끼 뱀을 낳고, 가시두더지^{echidna}는 동전 크기에 질감이 가죽 같은 알을 낳았다가 새끼가 나오면 젖을 먹인다). 어쨌거나 각 알에 꿈을 재구성하는 데 필요한 재료가 모두 들어 있다는 사실이 중요하다. 사랑으로 만든 컵라면, 그런데 물을 부을 필요도 없는 컵라면을 떠올려보라. 이렇게 잘 포장해두면, 양막류의 잠재력은 어디에서든 실현될 수 있다. 사막에서 떠돌아다니는 모래 더미 아래, 험한 바위 꼭대기와 높은 하늘, 식용유로 번들거리는 프라이팬까지(가끔 알을 생각하다 보면 오믈렛이 먹고 싶어 견딜 수가 없다), 당신, 나의 양막류 동료가 알맞다고 여기는 곳이라면 어디에서든.

✦ 배아와 태아를 감싸는 막을 형성하는 동물로, 파충류와 조류, 포유류가 있다.

꿈 포기하기

원대한 꿈을 향해 정면으로 뛰어드는 일은 칭찬할 만하지만, 단 하나의 목표에 너무 깊이 빠져들기 전에 미리 곰곰이 생각해보는 편이 현명할 것이다. 열정은 종종 집착으로 변하며, 전문화는 시야를 좁히고 삶의 수많은 즐거움을 빼앗기도 한다. 식사 메뉴를 예로 들어보자. 버지니아주머니쥐Virginia opossum는 미식의 유연성이 대단해서 상한 망고를 먹은 다음 방울뱀 머리를 즐기고, 방울토마토 한 줄기를 말끔히 먹어 치운 다음 몸을 그루밍하다가 발견한 진드기를 아작아작 씹어먹는다. 하지만 개미와 흰개미만 먹는 동물은 이런 유연성을 잃어버렸다. 놀랍게도 이런 식단을 고수하는 동물은 남아메리카의 개미핥기와 아프리카의 천산갑pangolin, 오스트레일리아의 주머니개미핥기numbat와 앞서 이야기한 가시두더지까지 아주 많다. 이처럼 서로 다른 포유류가 단 하나의 명분으로 뭉치는 일은 거의 없다. 그런데 날마다 같은 곤충만 먹고 산다면 지루하지 않을까. 개미산이 가득해서 씁쓸한 감귤류 풍미를 내는 불개미를 이따금 먹더라도 벌레 곤죽과 흙의 맛을 색다르게 바꾸지 못한다. (흰개미가 지은 요새를 부수고 쳐들어가는 행동 자체가 먹이에 양념을 치고 변화를 줄지도 모르겠다.) 턱선을 포기하는 대신 길쭉한 주둥이와 점액이 흐르는 혀를 얻었을 때쯤이면 선택한 인생 항로에서 벗어나기에 너무 늦었으리라. 작은개미핥기southern tamandua는 카무카무 열매가 익어가는 강변 나무를 기어오르더라도 이 신맛 나는 간식을 씹을 이빨이 없어서 열매를 먹지 못할 것이다. 땅늑대aardwolf✦ 역시 사촌 점박이하이에나와 함께 누의 갈비뼈를 갉아 먹지 못한다. 박하사탕보다 더 큰 것을 제압하기에는 신진대사가 너무 저하된 탓이다. 물론, 전통을 깨는 반항아도 있다. 느림보곰sloth bear은 곤충 중심의 식단에 가끔 잭프루트 열매와 마두카madhuca tree 꽃잎 약간, 넉넉한 양의 꿀(곤충이 생산한 먹이는 제한하기가 더 애매모호하다)을 슬쩍 넣는다. 땅돼지aardvark는 비밀 이빨을 써서 땅 밑에 숨은 땅돼지오이aardvark cucumber를 찾는다. 땅을 파헤쳐서 수분이 많은 오이를 찾아 먹는 덕분에 이 박과 식물의 씨앗을 널리 퍼뜨리는 유일한 존재로 거듭났다. 그러나 이런 동물은 개미 먹기라는 식습관을 하나로 묶는 핵심 교리의 예외일 뿐이다. 사랑하는 독자 여러분, 소명에 자기 자신을 전적으로 맡기는 데에는 아무런 문제가 없다. 다만 수많은 애기개미핥기silky anteater가 뒤늦게 증명하듯이, 편집광에는 기회비용이 따른다는 사실을 유념하길 바란다.

✦ 하이에나과 포유류이지만, 길고 끈적끈적한 혀로 흰개미 같은 곤충을 주로 먹는다.

꿈 포기하기

꿈을 하나 이루려면 다른 꿈에서 멀어질 용기가 필요할 때도 있다. 그런데 이처럼 꿈에서 떠나는 길에 물을 만날지도 모른다. 인도 아대륙이 아시아 대륙과 충돌하며 히말라야산맥을 세워 올리느라 바쁘던 신생대 에오세 초기에 인도휴스*Indohyus*도 그랬다. 정직하게 초식 생활을 하느라 애쓴다고 독수리에게 괴롭힘 당하는 데 지친 쥐-사슴-돼지인 인도휴스는 물로 피난 갔고, 하마처럼 밀도가 높은 다리뼈 덕분에 물속에 잠긴 채로도 잘 지낼 수 있다는 사실을 발견했다. 부모님 집 차고에서 컴퓨터를 손보는 일에 미쳐 있던 1980년대 청년들처럼 인도휴스도 취미에 푹 빠지는 것이 역사상 가장 위대한 성공 신화로 이어지리라는 사실을 전혀 몰랐을 것이다. 아울러 이들은 다음 세대가 땅에 갇힌 고된 노동에서 벗어나 블루오션 전략가가 되도록 바꿔놓았다. 인도휴스가 진짜 고래로 바뀌는 데는 1천만 년도 채 걸리지 않았다. 1천만 년은 지질학적 기준으로 볼 때 잠깐 간식을 즐기는 휴식 시간이나 다름없다. 현대의 경기 변동을 기준으로 삼는다면 거대한 첨단 기술 기업이 혜성처럼 부상하는 데 걸리는 시간이나 마찬가지다. 성공은 더 많은 성공을 낳는다. 인도휴스의 후손은 숲에서 숨어 지내는 시간을 줄이고, 테티스해⁺⁺에서 오늘날의 파키스탄 북부 쪽에 뻗어 있던 얕은 물에서 더 오랫동안 일광욕을 즐겼다. 미래 계획이 명확해지자 바다로 향하는 전환이 대대적으로 이루어졌다—육지에서 일구던 벤처 사업은 망했다. 분산 투자도 거절했고, 겁을 집어먹어 꽁무니를 내빼지도 않았다. 다만 원시 고래가 진정한 비전에 헌신하느라 경건한 초식동물에서 방탕한 육식동물로 바뀌는 바람에 기업 강령의 일부 내용이 도중에 삭제되었다. 영겁의 세월이 흐르는 동안, 인도휴스의 계보는 털북숭이 악어를 닮은 모습으로 진화의 틈을 메운 암불로케투스^{Ambulocetus}부터 뼈를 으스러뜨리는 이빨로 바다를 제패했던 괴물 같은 *바실로사우루스*^{Basilosaurus}, 더 온순하고 친절한 바다 거인으로 오늘날 우리가 사랑하는 대왕고래까지 상징적인 새 동물을 꾸준히 선보였다. 대왕고래는 수염고래소목^{Mysticeti}의 일종인데, 만약 소문이 사실이라면 아리스토텔레스를 훨씬 더 높이 평가해야 할 것 같다. 'Mysticeti'라는 이름이 아리스토텔레스의 표현 '(ho) mūs to kētos'에서 유래했을지도 모르기 때문이다. '쥐라 불리는 고래'라는 뜻인 이 표현은 아리스토텔레스가 선견지명이 있어서 오래전에 새로운 가능성으로 뛰어든 작은 인도휴스를 인정하며 만든 말이 아닐지.

✦✦ 고생대 후기에서 신생대 전반 동안 현재의 지중해 지역에서 동아시아에 걸쳐 있던 길고 가느다란 해역.

그러므로 올바른 꿈을 좇는 비결은 과감하게 나설 때와 물러설 때를 아는 것 아닐까? 너무 모호한 대상을 너무 맹렬하게 추구하다 보면 판단력이 흐려지고 시야에서 최종 목표를 놓칠 수도 있다. 노랑뒷날개나방 yellow underwing moth 은 촛불에 날아들다가 그만 목숨을 잃곤 한다. 열기를 무척 좋아해서가 아니라, 날아갈 길을 알려주는 하늘의 빛과 촛불을 착각하기 때문이다. 우리가 비행을 꿈꿀 때 진정으로 추구하는 목표는 무엇일까? 우리의 목표가 자유라면, 누구나 바라는 이 꿈은 뜻밖의 덫이 될 수도 있다. 주금류가 진작 알아챘듯이, 적어도 에너지 측면에서 비행은 함정일 수 있다. 중력을 오래도록 비웃는 일은 피곤하다. 비웃는 표정을 짓느라 얼굴이 힘들기보다는 쉼 없이 날개를 퍼덕이느라 고단하다. 날개를 끊임없이 움직이려면 벌레나 생선이나 버터 덩이를 자주 먹어줘야 한다. 그런데 버터는 열량을 채우기에는 이상적이지만, 야생에서 구하기가 어렵다. 그러니 묻지 않을 수가 없다. 이코노미석을 타고 날아다닐 수 있는데 왜 자력으로 날아다녀야 할까? 아니, 애초에 날아다닐 필요가 전혀 없는데 왜 자력으로 날아다녀야 할까? 이 두 번째 질문은 주금류가 고민하던 문제의 핵심이었다. 주금류는 하늘의 일에는 관심을 끄기로 무려 다섯 번이나 마음먹었고, 그 대신 땅에서 단순한 즐거움을 맛보았다. 우거진 숲에서 느긋하게 거닐거나, 풀밭에서 먹이를 찾으며 여유롭게 식사를 즐겼다. 신진대사의 용광로에 먹이를 퍼넣어야 하는 일에서 벗어나자 다른 형태의 자유라는 커다란 선물이 찾아왔다. 아마 주금류는 땅에만 발을 딛고 사는 전략 덕분에 전 세계의 틈새시장을 개척하고, 에덴동산 같은 섬에서 살 수 있었을 것이다. 적어도 인간이 나타나서 전부 망쳐놓기 전까지는. 인간은 마다가스카르의 코끼리새elephant bird와 아오테아로아의 자이언트모아giant moa가 거닐던 행복한 꿈을 악몽으로 일그러뜨렸다.✢ 이 둘의 운명은 다음번에 다른 자리를 빌려 꼭 애도하겠다. 날지는 못하지만 깃털이 있는 영혼이여, 편히 쉬길.

꿈을 좇을 때 통찰력은 결국 자기 이해에 이르는 것 같다. 무겁게 짓누르는 다른 이들의 기대를 뿌리친다면 자기 자신에게 진정으로 도움이 되는 일에 시간과 노력을 쏟을 수 있다. 현존하는 새 가운데 가장 덩치가 큰 소말리아타조Somali ostrich처럼 몸을 튼튼하게 키워서 육상 종목을 배우는 건 어떨까? 날기 위해 가

✢ 두 새는 서식지에 인류가 유입된 후 인간의 사냥과 서식지 파괴, 함께 온 가금류의 질병 전파 등으로 멸종했다.

슴 근육을 단련할 필요가 없으니, 날마다 하체 훈련하는 날이다. 타조는 드물게 침착한 순간, 그러니까 근사한 주름 장식 같은 깃털과 푸른빛이 도는 늘씬한 다리를 뽐내지 않을 때나 아프리카의 태양 아래서 네발 달린 짐승을 상대로 하프 마라톤 기록을 뻐기지 않을 때면 하체 운동 방법을 보여줄지도 모른다. 혹시 당신이 타조에게 비밀스러운 삶의 철학이 무엇인지 털어놓으라고 몰아세우면 타조는 자기만의 독특한 방식으로 반응할 것이다. 목을 길게 빼고 당구공만 한 눈으로 빤히 쳐다보다가 느닷없이 흐릿한 잔상만 남긴 채 총알처럼 튀어 나갈 것이다. 그러면 당신은 꿈이 열망하는 목표일 뿐만 아니라 실천해야 하는 행동이기도 하다는 사실을 생생하게 깨달으리라. 심장이 당신보다 세 배나 큰 이 동물은 발가락이 두 개 달리고 힘줄이 팽팽하게 당겨진 발을 내디딜 때마다 활기를 가득 담아 꿈을 실현한다. 올바른 꿈을 최대한으로 펼치는 일은 온몸, 온 존재, 온 삶을 아우를 수 있다. 그것으로 완전할 수 있다. 그것으로 충분할 수 있다.

하지만 모두 이렇게 행동하지는 않는다. 어쩌면 설명할 수 없는 존재로 남는 것, 예측할 수 없는 흐름에 따라 변화하고 개혁하는 것이야말로 꿈과 꿈꾸는 자의 본질일 수도 있다. 적어도 우리 대다수에게는 그렇다. 우리는 계속해서 교체되는 세포들로 이루어진 존재들이기에, 끊임없이 유기적 부분을 새롭게 교체해야만 살아갈 수 있다. 그렇다면 우리는 너무 많이 변한 탓에 더 이상 과거의 반복된 모습과 꿈꾸던 포부를 합친 존재가 아닌 걸까? 이 형이상학적 난제를 풀 통찰력을 찾아 먼지가 내려앉은 고대 그리스 철학자의 전함戰艦을 살펴볼 수도 있다. 하지만 살아가는 내내 오래된 자아를 벗고 새로운 자아를 입는 이들에게 질문하는 편이 더 낫다. 뱀장어과 Anguillidae 일족의 몇몇 구성원에게 물어보면 어떨까? 유럽뱀장어는 몇 안 되는 강하성 catadromy 어류다. 강하성이란 그저 태평양연어의 생활방식을 거꾸로 뒤집어서 멋들어지게 표현한 말이다(연어는 각 지역의 강에서 태어나 바다로 나아가서 호화롭게 살다가 다시 고향으로 돌아와서 생의 마지막 며칠 동안 알을 낳는다). 앙귈라 앙귈라 Anguilla anguilla, 즉 유럽뱀장어는 연어와 정반대 경로를 택했다. 사르가소해에서 태어날 때는 장차 얻을 모습과 전혀 닮지 않았다. 잎사귀 모양에다 이상하게도 투명하기까지 해서 아리스토텔레스조차 뱀장어의 기원을 탐구하며 쩔쩔매다가 뱀장어는 땅의 젖은 내장에서 태어나는 것이 틀림없다고 결론짓고 넘어갔다(가장 현명한 사람이라도 언제나 정확하게 알지는 못한다는 생각을 떠올리면 위안이 된다).

20세기가 되어서야 새끼 뱀장어가 1~3년 동안 멕시코만류를 따라서 히치하이크하다가 오늘날에도 수많은 사람이 열망하는 목표에 삶을 바친다는 사실이 알려졌다. 그 목표란 유럽 시골 해안가의 금싸라기 부동산을 확보하는 일이다. 새끼 뱀장어는 물결처럼 구불거리는 낯익은 모양으로 바뀌지만 여전히 투명한데, 함께 동그랗게 뭉쳐서 꿈틀거리며 결연하게 물길을 거스른다. 경쟁하다가 물 밖으로 나가서 고통에 몸부림치거나 막다른 길을 거쳐서 암벽을 올라야 하더라도 평화로운 연못에 이르고자 나아간다. 목적지에 다다르면 몸은 노랗게 변하더라도 성질은 조금도 누그러지지 않으며, 입에 쑤셔 넣을 수 있는 것이라면 무엇이든 게걸스럽게 먹어 치우면서 전성기를 보낸다. 그러다가 어느 날, 더 고요한 비전이 손짓하면 우리 모두 태어났고 끝내는 돌아가야 할 바다로 다시 떠난다. 고향으로 되돌아가기로 마음먹은 뱀장어는 온몸에 은빛 광택을 두른다. 먹는 것을 중단한 탓에 위장이 쇠약해진다. 그 어느 때보다 더 아름다워지고, 간절해진다. 이처럼 기름부음anointment✦을 받은 물고기 선지자는 강에 이르렀을 때와 마찬가지로 신비롭게 떠난다. 2천 년 동안 철저하게 조사했는데도 우리는 뱀장어가 사르가소해 아

✦ 고대 근동에서 향유를 사람이나 사물에 붓는 의식을 말하며, 종교적 의미에서 기름부음을 받는 자는 왕이나 제사장, 선지자다.

래 어디로 가서 창조주를 만나는지 아직도 정확하게 모른다. 아마 삶의 마지막 단계를 맞은 뱀장어는 꿈을 꾸는 대신 꿈이 되어서 아직 분류되지 않은 형태로 바뀌고, 일생의 기량을 발휘해서 마지막 커튼콜을 피해 슬그머니 사라질 것이다. 우리는 알지 못한다. 다만 우리가 알 수 있는 것은 뱀장어가 확고한 포부와 신념으로 무장한 채 강을 따라 내려가서 바다로 나간다는 사실뿐이다. 하늘에서 해가 뜨고 지고, 세상이 돌고, 티끌이 운에 따라 우주를 가로지르는 동안에도 뱀장어는 눈에 보이지도 않고 생각이 미치지도 않는 곳, 감히 헤아릴 수 없는 심연 속으로 녹아 들어간다는 사실뿐이다.

땅속으로 내려가기

만약 빙산이 원앙이나 미국풍나무sweetgum tree처럼 물에서 더 가볍게 떠다닌다면, RMS 타이태닉호⁺는 타조 깃털과 용의 피, 증기 사우나탕에 들어앉은 살찐 일등석 고양이⁺⁺를 수십 년 동안 실어 나른 후에 절대 침몰하지 않는다는 명성을 고스란히 지키며 선박 수리용 드라이 독dry dock⁺⁺⁺에 앉아서 행복하게 녹슬고 있을 것이다. 아아, 슬프게도 빙하에서 갓 떨어져 나온 빙산은 갓 태어난 새끼를 데리고 다니는 하마에 더 가깝다. 빙산과 하마 둘 다 수줍음을 타서 몸의 10분의 1만 물 밖으로 드러내고 10분의 9는 물 아래에 잠겨 있다. 빙산과 하마 둘 다 항로에서 벗어난 배와 아무것도 모르는 선원에게 치명적이다. 이처럼 자기 영역에 들어온 상대를 쳐부수려는 행동을 두고 과잉 반응이라고 보는 이들도 있겠지만, 둘 다 그저 자주권을 가장 소중하게 여기는 것뿐인 듯하다. 빙산과 하마는 각자의 비밀 자선 활동에 이목이 쏠리기를 원치 않아서 남들과 가까워지는 걸 거부하는

⁺ 그리스 신화의 거인족 티탄에서 이름을 따온 여객선으로, 워낙 거대해서 '불침함The Unsinkable', 즉 침몰하지 않는 배라는 별명까지 붙었다. 영국의 사우샘프턴에서 출항해 미국 뉴욕으로 가던 도중, 떠돌아다니는 빙산을 일찍 발견하지 못하고 충돌해서 결국 침몰하고 말았다.

⁺⁺ 타이태닉호의 호화로운 1등실에 탑승한 상류층 승객이 많았던 사실을 바탕으로 저자가 문학적 상상력을 발휘한 것으로 보인다.

⁺⁺⁺ 큰 배를 만들거나 수리하는 구조물. 배를 넣은 다음 입구의 문을 닫고 바닷물을 빼서 작업한다.

게 아닐까. 남극의 빙산은 남극해라는 사막에서 떠다니는 오아시스나 다름없다. 물기둥⁺⁺⁺⁺을 휘젓고 육지에 갇힌 광물을 다양한 해양 생물에게 내어준다. 우간다의 하마는 뭍과 물을 오가며 영양분을 공급하는 펌프로, 밤에는 갖가지 풀을 뜯고 낮에는 배설물과 이산화규소^{silica}로 강줄기를 비옥하게 가꾼다⁺⁺⁺⁺⁺. 물속에 잠겨 있는 이들의 영역을 존중해야 모두가 이득을 본다. 그래야 빙산과 하마가 비밀스러운 저 깊은 곳에서 공익을 실현할 수 있다. 얼음 아래에서 소용돌이치는 다모충^{bristle worm} ⁺⁺⁺⁺⁺⁺에게도 기쁜 일이고, 하마가 반쯤 먹은 풀을 브런치로 즐기는 구피^{guppy}에게도 즐거운 일이며, 어디서든 벨트로 단단히 고정하지 않은 갑판원과 배에도 확실히 다행스러운 일이다.

빙산의 높은 알베도^{albedo} ⁺⁺⁺⁺⁺⁺⁺니 하마의 피땀 선크림(피도 아니고 땀도 아니다—냄새 고약한 래커에 더 가깝다)처럼 무엇이든 벌거벗길 듯이 내리쬐는 햇빛을 막을 수단을 갖춘 이는 별로 없다.

++++ 바다의 특정 지점 표면에서 수직으로 심해에 이르는 물기둥.
+++++ 하마는 이산화규소가 많이 함유된 풀을 먹고 이를 강물에 배설해서 강의 조류가 번성하도록 돕는다.
++++++ 가늘고 긴 몸이 여러 마디로 나뉘는 환형동물의 일종으로, 대부분이 남극해를 포함해 바다에 산다.
+++++++ 천체 표면이 태양 빛을 반사하는 비율.

그래서 몸통 앞부분은 두더지, 뒷부분은 귀뚜라미처럼 생긴 땅강아지는 어디에나 비치는 햇빛을 피하려고 몸통 앞부분에 달린 삽날 같은 발로 흙을 파서 몸통 뒷부분을 숨긴다. 마찬가지로 은둔 생활을 즐기지만, 땅강아지와는 아무런 혈연관계도 없는 별코두더지도 몸을 여러 부분으로 나눌 수 있다. 몸통 뒷부분 다음에는 몸통 가운데 부분이 나오고, 몸통 가운데 부분 다음에는 머리가 나오고, 머리에는 덩굴손이 여럿 돋아난 것 같은 코가 달려 있다.✢ 이 코는 손가락 끝보다 작지만 여섯 배나 더 민감해서 우리가 눈을 깜박이기도 전에 무엇이 애벌레이고 모래 알갱이인지 파악한다. 아메리카땃쥐두더지American shrew mole도 있다. 중국두더지땃쥐Chinese mole shrew와 혼동하지 말도록. 오스트레일리아주머니두더지Australian marsupial mole(북부주머니두더지와 남부주머니두더지라는 두 종이 있다)나 아프리카두더지쥐African mole rat(털이 있는 종과 털이 없는 종이 있다)와도 혼동하지 말도록. 이들 모두 세상의 눈길에서 벗어나고자 완전히 굴을 파고 들어가서 겨우겨우 살아간다. 땅 밑에서 사는 삶에는 장단점이 따른다. 주택 건축에 관한 야망을 온전히 실현할 수 있지만, 설계 철학에서 자연 채광을 포기해야 한다. 감시하는 눈을 피해 사생활

✢ 사실 이 두더지는 코를 제외하면 몸이 별 특징 없는 원통형이라 작가가 재미있게 말장난한 것이다.

을 보호할 수 있지만, 작게 반짝거리는 자기 눈이 쓸모없어진다는 대가를 치러야 한다. 그래도 흙이 온도 조절과 보온 기능을 무료로 제공하지 않던가? 다만 이 혜택은 땅굴 붕괴나 폐소공포증을 평생의 동반자로 삼으려는 이들만 받을 수 있다.

다행히도 지하 생활에서 사회적 요소는 흙이 가하는 실존적 위협에 흔들리지 않는다. 땅굴에서 산다면, 터널 확장 계획과 지렁이 조달에만 오롯이 전념하는 탈피디스데스만회사Talpids, Desmans, and Co.++ 직원처럼 고독해도 괜찮다. 검은꼬리프레리도그black-tailed prairie dog처럼 공동체를 일구어서 생활해도 좋다. 땅속에 유치원과 먹이 창고, 정교한 보초 시스템을 배치할 수 있는 돔 모양 흙더미를 빠짐없이 갖춘 전체 마을 안의 각 구역 안 각 방에 친구끼리 모여 수다를 떨 수 있다. "꿈에 그리던 곳을 지어 놓으면, 다들 찾아올 것이다"라는 격언은 대체로 진실이다. 하지만 반드시 생태계 엔지니이기 되어야만 생동감 넘치는 지하 공간을 즐길 수 있는 것은 아니다. 유능한 건설업자와 알고 지내기만 해도 충분하다. 미어캣은 직접 굴을 파는 대신 케이프땅다람쥐cape ground squirrel의 굴을 차지하는 편을 더 좋아하며, 날쥐springhare와 하이펠트저빌Highveld gerbil처럼 독창적이고 손

++ 탈피드talpid는 두더지과Talpidae에 속하는 동물을 통틀어 가리키며, 데스만desman은 두더지과에 속하는 수생 동물이다.

재주 좋은 설치류와 즐겨 동거한다. 브라질 판타나우에서는 왕아르마딜로giant armadillo가 파낸 굴에 작은개미핥기collared anteater와 목도리페커리가 드나드는 모습이 촬영되었다. 남쪽털코웜뱃southern hairy-nosed wombat은 영역 전체에 굴을 하도 많이 파놓고 내버려둬서 바위왈라비rock wallaby와 워일리brush-tailed bettong, 심지어 쇠푸른펭귄fairy penguin까지 자주 웜뱃의 굴을 공용 주택으로 쓴다. 물론, 집주인의 허락 없이 무단으로 집을 차지하고 살면 위험이 따르기 마련이다. 주인이 여전히 머무는 굴에 우연히 들어갔다가 호된 교훈을 얻은 기회주의자는 한둘이 아니다. 여우는 낮잠에 빠진 엄마 웜뱃을 살금살금 지나쳐서 아기 웜뱃을 낚아챌 여유가 있다고 계산한다. 그런데 엄마 웜뱃이 단단한 뼈와 근육이 연결된 엉덩이를 치켜들어서 여우 머리를 굴 천장에 갖다 대고 으스러뜨린다. 하늘이 자비를 베풀어 이 모든 일이 순식간에 끝나 여우가 건축업자이자 불도저인 엄마 웜뱃을 깨운 일을 후회할 새도 없기를 바란다.

땅이 무너지거나 들썩이는 사고가 벌어지더라도, 여전히 많은 이가 푸른 하늘과 붉게 얼룩진 노을을 버리고 끝없이 땅속으로 내려간다. 눈eye이 없다면 이런 충동을 이해하기가 더 쉬울 테다. 일본의 다이콘과 중국 광둥의 로박, 한국의 조선무✦는 곧은 원통 같은 뿌리로 단단히 다져진 땅을 즐겁게 뚫고 나간다. 그 덕분에 흙이 가장 빽빽하게 뭉친 토양층에도 물과 영양분이 흘러 들어갈 통로가 생겨서 시간제로 일하는 정원사가 주말에 채소밭의 땅을 갈아엎어야 하는 수고를 덜 수 있다. 칼라하리 사막과 나미브 사막에서 자라는 양치기나무 shepherd's tree가 땅 밑으로 뿌리를 내릴 수 있는 깊이는 자이언트세쿼이아 giant sequoia가 하늘을 향해 뻗어 올라가는 높이의 10분의 9나 된다. 양치기나무는 마치 오늘날의 굴착 장비처럼 뿌리로 지하수를 찾는다. 수맥을 찾아서 땅속 깊이 파고들다가 저도 모르게 주변 지역에서 희망의 상징이 되었다. 더위를 먹은 코뿔소에게는 그늘을 드리워주고, 굶주린 기린에게는 영양분을 베풀어주고, 피로해소제가 필요한 이들에게는 커피 대용품이 되어주고, 다시 편안하게 잎고 싶은 이들에게는 치질 치료용 약초를 내어준다. 무와 나무는 더 깊이 파고들라는 내면의 충동을 따른 덕분에 그 누구보다도 기운을 북돋우며 심지어 먹을 수도 있는 구원자가 되었다. 행동하지 않음으로써 행동하고, 그저 존재함으로써 남을 돕고, 자기 생명을 지탱함으로써 봉사하는 이들은 전혀 의도하지 않

✦ 다이콘과 로박 모두 무의 일종이다.

앉지만, 우연히도 구세주가 되었다.

물론, 눈이 멀지 않아도, 식물이 아니어도 온몸이 세상에 둘러싸이는 즐거움을 이해할 수 있다. 따스함과 어두움에 몸을 내맡기는 것은 유튜브 영상 속 숱한 집고양이의 가장 간절한 소망이다. 이 바람은 가정으로 입양되는 고양이에게 판지 상자를 무진장 선물하는 것으로 입증되었다. 바닷속 넙치도 인터넷 속 스코티시폴드종 고양이처럼 안락함을 즐기는 동물이며, 남들 눈에는 띄지 않으면서 세상을 내다볼 수 있는 은신처를 좋아한다. 버터가자미butter sole와 가시가자미scalyeye plaice, 첨치가자미arrowtooth flounder는 몸을 쭈그려서 바닥에 붙이는 동시에 눈으로 위를 바라보는 이중적 태도로 삶의 방향을 바꾸는 데 온 힘을 쏟아부었고, 왼쪽 눈을 얼굴 오른쪽으로 옮겨놓았다(정반대로 넙치는 눈을 왼쪽에 몰아놓은 확고한 왼손잡이다). 이들은 등의 색깔과 무늬를 주변 환경과 어우러지게 바꾸기까지 했고, 물결처럼 움직여서 단 몇 초 만에 모랫바닥에 몸을 완전히 파묻는 안무도 완성했다. 이렇게 몰래 숨어서 때를 노리면 아무것도 모르는 피라미를 덮치거나 물수리osprey로부터 크림색 배를 지키기에 더할 나위 없이 좋다. 하지만 이런 방식은 시력이 없거나 감독하는 눈길 없이 활개 치는 존재, 이를테면 무지와 식욕이 끌고 다니는 저인망 어선+ 앞에서는 아무런 쓸모가 없다. 트롤선은 '슈퍼 트롤선이 바다 밑바닥에서 해양 생물을 없애버린다'라는 말이 채 끝나기도 전에 물고기와 해저 토양과 산호 군집을 쓸어버린다.

우리는 헤아리지 못하는 힘을 마주하면 대체로 지하에 들어가서 몸을 숨긴다. 꼭 이런 습관이 우리 존재 안에 깊숙이 자리 잡은 것만 같다. 차츰 빛이 희미해지고 바다표범 수가 줄어들면, 새끼를 밴 북극곰은 눈더미와 강둑에 굴을 파고 배 안에서 부풀어 오르는 작은 기적을 맞을 준비에 나선다. 무엇이든 말려 죽이는 태양 아래서 강이 탁한 흙탕물에서 바짝 달궈진 진흙으로 바뀌면, 서아프리카폐어West African lungfish는 흙을 갉아서 뚫고 점액질 고치를 만들어 그 안에 몸을 파묻는다. 기괴하게 변한 날씨에 지친 일부 파충류의 뇌는 각 도마뱀이나 뱀이나 거북 조종수에게 일을 그만두고 근처에서 구멍을 찾아 낡은 시계태엽처럼 속도를 늦추라고 명령한다. 극단적인 환경에서 지내는 삶의 고단함을 달래려면 이처럼 전부 버리는 행위가, 빛과 어둠을 오

+ 그물을 바다 밑바닥으로 끌고 다니면서 깊은 바닷속 물고기를 잡는 어선. 트롤선이라고도 한다.

가며 현재와 장래 사이에서 충격을 누그러뜨리는 막간에 머무는 시간이 필요하리라. 이런 은거retreat 의식은 갈수록 변덕스러워지는 세상에 맞서고, 아직 지혜가 모자라서 제대로 품지도 못한 질문에 대한 대답을 내놓을 때 필요한 결의를 다지는 데 도움이 될지도 모른다. 세상을 뜬 이야기꾼 배리 로페즈는 생전에 곧잘 그랬듯이 북극의 꿈을 실현하려면+ 휴지기가 필요하다는 사실을 제대로 직감했던 걸까? 폐어의 여름잠이 폐어의 소생에 필수라면 어떨까? 점액과 내면의 혼란으로 직접 지은 감옥을 씻어내기 위한 기도라면? 마지네이트육지거북marginated tortoise은 깊은 휴면에 잠긴 동안 무엇을 곰곰이 생각할까? 이제까지 평온했던 삶을 되돌아볼까, 아니면 앞으로 다가올 불확실한 나날을 그려볼까?

생물종으로서 우리 인간은 세실오크sessile oak와 살찐꼬리난쟁이리머fat-tailed dwarf lemur처럼 잠시 휴면기에 드는 일이 어떤 의미인지 전혀 모르므로 생명에 필수적인 무언가를 놓치고 있을지도 모른다. 우리와 유전자가 거의 같은 리머를++ 현재의 인간 문명으로 옮겨놓는다고 상상해보자. 과일과 꽃의 꿀을 잔뜩

+ 미국 작가 배리 로페즈는 북극을 오랫동안 여행하고 조사한 후 생태 에세이의 고전으로 꼽히는 《북극을 꿈꾸다Arctic Dreams》를 펴냈다.
++ 리머는 영장목에 속하며 여우원숭이라고도 한다.

먹은 리머 80억 마리는 해마다 3~7개월 동안 리머 가상 회의에서 로그아웃하고, 각종 리머 공장을 닫고, 나무 위의 리머 아파트 안에 웅크린다. 리머 발전소도 가동을 멈출 것이다. 리머 밀밭도 묵혀둘 것이다. 다들 한바탕 잠에 빠져 있는 동안에는 지정학적 긴장 상태와 독재를 향한 야심도 식으리라. 누구나 가장 명망 높은 리머 음유시인이 가장 유명한 리머 연극에 아름답게 새겨 놓은 복수 메시지를 감상하고 있을 테니까. *잠에 들면 아마 꿈을 꾸겠지, 아이아이원숭이여, 그것은 전혀 문제가 아니로다.*+++

    인간은 리머와 자리를 맞바꿔 꼬리를 단 채 마다가스카르의 바오바브나무와 봉황목Madagascan flame tree 위에서 지내는 삶에 만족할지 궁금하다. 우리의 야망이 다시 땅으로, 있는 힘껏 노력하고 세상을 일구는 길로 우리를 데려갈까? 아마 그럴 테다. 그렇더라도 이 종 교환 프로그램을 통해 서로의 영혼을 사로잡을 다른 존재 방식을 경험할 수 있을 것이다. 리머는 별을 올려다보는 법, 정말로 올려다보는 법을 배울 것이고 인간은 멈추는 법, 정말로 멈춰서 창조의 뿌리를 보는 법을 배울 것이다. 그리고 우리는 함께 태어난 공통의 자궁에서 언젠가 인간과 원

+++ 셰익스피어의 희곡 <햄릿>에 나오는 대사를 패러디했다. 원문은 '아아aye, 그것이 문제로다there's the rub'이다.

숭이 모두 돌아가야 할 공통의 흙으로 이어지는 길을 함께 찾아 나설지도 모른다. 그 여정에서 우리 필멸의 존재를 오래도록 지탱해온 땅, 이 어둡고 거친 나라를 찬미하는 노래를 부를 것이다. 이 땅은 오늘날까지도 영장류의 영혼을 만들 수 있는 유일한 장소다.

6.
회복

Utter Earth

악마의철갑딱정벌레diabolical ironclad beetle는 도요타 캠리에 밟혀도 살아남을 수 있다. 그것도 두 번이나. 어린 악어는 꼬리가 잘려도 20센티미터 넘게 재생할 수 있다. 비늘이 다 떨어져 나간 *게콜레피스 메갈레피스*Geckolepis megalepis는 생 닭고기처럼 보이지만, 몇 주만 지나면 흉터 하나 없이 새 비늘이 돋아난다. 미국 캐스케이드산맥에서 비버의 개체 수가 늘어나자, 북서부도롱뇽northwestern salamander의 번식률이 높아진 것으로 알려졌다. 중국 황투고원에 서식하는 북중국표범North Chinese leopard의 숫자는 정부의 5개년 산림녹화 계획 덕분에 점점 늘어나고 있다. 일본 후쿠시마에 다시 나타난 멧돼지는 도시 내부 출입 금지 구역의 버려진 길거리를 어슬렁거린다. 반대로 일본산양은 멧돼지를

피하고 싶어서인지 외곽의 인간 거주 구역에만 머무른다. 일본 원숭이는 중간 지대를 더 좋아한다. 큰부리바다오리 수컷은 막 날기 시작한 새끼를 데리고 넓은 바다로 나가면, 아직 절벽에 머무는 새끼에게 암컷과 함께 먹이를 줄 때보다 두 배나 더 자주 먹일 수 있다. 동태평양붉은문어East Pacific red octopus는 해양 산성도가 오르더라도 잘 견디며, 5주면 적응하는 것으로 보인다. 아메리카우는토끼American pika는 낮에 높이 오르는 기온에 대처하고자 낭떠러지의 돌무더기 아래로 몸을 피한다. 열대 동태평양의 산호초는 카리브해와 인도양·서태평양의 산호초보다 높은 온도를 더 잘 견디는데, 아마 생태 기억 덕분일 것이다. 생태학 교수 제임스 W. 포터James W. Porter는 "장차 산호초가 살아남을 비결은 스트레스에 대한 면역력이 아니라, 스트레스를 받은 이후에 원래 상태를 되찾고 다시 자라는 능력일 것이다"라고 말했다.

직업 상담

끝없이 변화하는 세상에서 새로운 직업을 찾고 있나요? 직장에서는 갈수록 불만이 쌓이고, 뭔가 새로운 기회는 없는지 궁금한가요? 분주히 일하는 와중에 이 글을 읽고 있다면, 짬을 내어 삶의 의미를 깊이 생각해보세요. 삶이 당신을 둘러싸고 변화하는 이 순간에도 고민을 멈추지 마세요. 생명의 나무(주) 직원과 상담하고 나면 통찰을 얻을 수 있답니다. 고위 직원과 면담한다면 특히 효과적이랍니다. 직원들은 어떤 자질이 근사한 이력서를 작성하는 데 도움이 되는지 기꺼이 알려줄 거예요. 그러면 장래에 새로운 길을 개척하거나, 적어도 점점 발전하는 당신만의 고유한 특성을 발휘할 용기를 찾을 수 있을 겁니다.

회사의 비효율적 경영에 좌절감이 들지는 않나요? 안식 휴가를 내고 관해파리siphonophore에 소속된 직무 관련자와 함께 항해를 떠나보세요. 관해파리 군체는 해양 모험담으로 유명하니까 아마 익숙할 거예요. 프라이아 두비아Praya dubia는 세상에서 가장 긴 생물로 이름을 떨쳤고, 포르투갈군함해파리Portuguese man o'war는 세상에서 가장 독성이 강한 생물로 널리 알려졌죠. 관해파리 회사는 여러 업무 부서로 나뉘어 있으며, 전 직원이 더 커다란 조직 내에서 핵심 역할을 맡고 있습니다.† 다양한 부서마다 각 성향이나 적성에 맞는 전문 직무가 있어요. 수관과 부레를 유지 및 보수하는 운송 부서(**업무 코드 : 기포체**), 방어 및 사냥을 담당하는 인수합병 부서(**촉수 자포**), 효소 생화학과 영양소 처리를 맡은 소화 부서(**영양개충**), 유전자를 뒤섞고 메두사처럼 복제하는 대량 제조 부서(**생식개충**)로 나뉘죠. 어떤 업무를 선택하든 최상의 직무 만족도를 보장합니다. 고되기만 할 뿐 무의미한 일은 마음의 활기마저 빼앗지만, 군체 생물의 일원에게 무의미한 일이란 없거든요. 변덕스러운 바람을 타고 군체의 항해를 돕거나 전 직원이 바다의 진미를 맛보도록 돕는 등 서로가 서로에게 의지하죠. 이보다 더 적합하거나 운명적인 직장 생활이 있을까요? 하지만 이 완벽해 보이는 기업에 입사하기 전에 미리 경고합니다. 채용 계약의 세부 사항 중 유전 항목은 구속력이 강합니다. 수직 이동이 제한되어 있어 승진할 기회도 거의 없어요. 입사하면 평생 퇴사힐 수도 없고요. 하지만 여행과 출장 특전은 엄청나답니다.

인정사정없고 가혹한 대기업의 톱니바퀴가 되어서 일생을 보

✦ 관해파리는 섭식, 감각, 생식 등 다른 역할을 분담하는 개체가 모인 군체이지만, 하나의 거대한 개체처럼 보인다.

내야 한다는 생각에 익숙한 지긋지긋함이나 두려움이 밀려든다면, 더 가치 있는 이상을 옹호하는 일을 고려해보세요. 곳곳에 넘쳐흐르는 불의를 별로 접해보지 않은 햇병아리든, 수십 년 동안 불의에 대항해 싸우다가 탈진한 베테랑이든, 경치가 멋진 미국 유타주 중남부에서 드라이브를 즐기면서 번아웃 증후군에 빠지지 않고 내면의 투지를 유지하는 법을 배우면 어떨까요? 콜로라도고원 가장자리에 자리 잡은 피시레이크 국유림Fish Lake National Forest에 가서 바람 한 줄기 없는 아침에 산들거리는 황금빛 나뭇잎을 지켜보는 거예요. 거대한 사시나무 **판도**Pando가 대의를 위한 부름에 귀를 기울이는 이들에게 조언을 베풀 거랍니다. 40만 제곱미터에 뻗은 몸을 말 그대로 사시나무 떨듯 떠는 스승님은 세상에 희망을 주는 비결이 꾸준히 자기 관리에 전념하고 자기 자신을 땅속에 묻는 것, 그래서 무성 번식을 통한 거대한 군락으로 서리와 불의 유린에 맞서고 되풀이되는 비탄과 절망에 맞서는 것이라고 가르칩니다.✦ 오로지 땅에 파묻힌 후에야 이번 회계 분기 내에서든 신생대 플라이스토세 후반을 거쳐서 이른 8만 년 동안이든 필요한 시간 안에 해야 할 일을 할 수 있죠. 그래야만 미약하게 시작한 당신의 공동체가 뿌리를 내

✦ '판도'라는 이름의 사시나무 군락은 전체가 하나의 뿌리를 공유하는 단일 유기체며, 수령이 8만 년을 넘는다.

리고 번성할 수 있다고, 한 몸이 되어 말하고 흔들리면서 당신이 상상하는 변화의 불꽃을 피울 수 있다고 **판도**는 말합니다.

어쩌면 당신은 어떤 식이든 순응에 저항하는 사람, 오랫동안 마음에 품은 길과 계획을 따르기를 갈망하는 사람일지도 모르겠네요. 그렇다면 프리랜서 생활이 딱 알맞을 거예요. 하지만 조심하세요. 겁쟁이는 자기 운명의 주인이 될 수 없답니다. 실패할 조짐 때문에, 세상이 홀로 선 이에게 대개 자비를 베풀지 않는다는 엄연한 진실 때문에 밤잠을 이룰 수 없죠. 아무리 친구나 가족이 돕더라도 소용없어요. 그래도 혈통이 단 하나뿐인 생명체와 이야기를 나눠보면 배짱이 생길 겁니다. 이들은 혼자서 맹렬하게 도전하는 어려운 기술을 익혔거든요. 남들이 비틀거리는 위기에도 수완 좋게 대처하는 법을 알려줄 거예요.

오리너구리의 바이럴 마케팅 능력을 배우세요. 키메라⁺⁺ 같은 페르소나를 활용해서 야단스러운 논란을 일으키고 사랑스러움을 자랑하며 강렬한 인상을 남기죠. 산비버 mountain beaver

⁺⁺ 그리스 신화에 나오는 괴물로, 머리는 사자, 몸통은 양, 꼬리는 뱀이나 용 모양이다. 한 개체 안에서 서로 다른 유전적 성질을 지니는 동물 조직이 공존하는 현상도 가리킨다.

처럼 선을 넘지 않는 자세도 받아들여야 해요. 산비버는 꼬리가 배 젓는 노처럼 생긴 유명한 사촌과 다른 이미지를 만들려다가 별난 영역으로 방향을 홱 틀어서 양치식물을 먹는 은둔자가 되었답니다. 가지뿔영양pronghorn이 아직도 단순히 염소나 영양으로 잘못 분류되듯이 당신만의 독자적 브랜드가 제대로 인정받지 못하더라도 용기를 잃지 말고 노력을 기울여서 비전을 확고하게 구축하세요. 가지뿔영양처럼 철저하게 경계한다면 당신도 잔디밭을 침범하는 약삭빠른 코요테를 잡아낼 수 있어요. 이 발 빠른 유제류[+]가 아메리카치타American Cheetah 사단에 맞서 달렸던 것처럼 민첩하게 움직인다면, 당신도 경쟁자를 성공적으로 앞지를 수 있죠. 당신에 비하면 경쟁자는 한물간 구닥다리가 될 겁니다.[++]

    프리랜서에게 성공의 열쇠는 장점을 살리는 것이죠. 전적으로 흰개미 집단에 맞추어서 다양한 재주를 펼치는 땅돼지처럼 구체적인 시장을 목표로 삼아야 해요. 땅돼지처럼 우직하게 밀고 나가면 앞을 가로막는 장벽을 무너뜨리고 무수한 잠재고객에게 다가갈 수 있답니다. 게다가 땅돼지처럼 두툼한 가죽

[+] 척추동물의 포유류 중에서 발끝에 각질 발굽이 있는 동물.
[++] 실제로 아메리카치타는 멸종했고, 가지뿔영양은 가지뿔영양과 중에서 유일하게 살아남았다.

을 두르고 있으면 당신의 실패를 보고 고소해하는 하이에나의 조롱도 막을 수 있죠. 당신이 무엇을 선택하든 비난이 떨어질 거예요. 그러니까 마음을 굳게 먹고 붓꼬리나무두더지$^{\text{pen-tailed}}$ $^{\text{tree shrew}}$의 경고에 주의를 기울이세요. 이 동물은 주요 영장류의 일원이 되려고 오디션에 도전했다가 아쉽게 탈락하자, 자연 발효된 베르탐야자$^{\text{bertam palm}}$의 꽃꿀을 거의 자기 몸무게만큼 마시는 데서 위안을 찾았어요. 이 취하지 않는 술고래의 능력은 군중을 사로잡아 끌어당기죠. 하지만 안타깝게도 이제는 배우와 배우가 쓰고 연기하는 가면을 구별할 도리가 없답니다.

  장차 프리랜서가 되려는 이에게 가장 유익한 조언은 사생활과 일 사이에 선을 확실하게 그어야 한다는 것이지 싶어요. 바다코끼리과의 유일종이자 무관심의 대가인 바다코끼리 밑에서 수련하는 건 어떨까요? 바다코끼리는 얼어붙을 듯 추운 북극 환경이든, 살점을 내놓으라며 필사적으로 달려드는 북극곰의 이빨이든, 심지어 곁에 있던 동족이 엉겁결에 휘두른 엄니든 대수롭지 않게 무시하죠. 그저 견디면서 이 모두가 바닷가 지분과 포상을 두고 겨루는 사업일 뿐이라는 사실을 받아들여요. 보수가 조개로 들어오는 한 악감정은 절대 존재하지 않아요. 설령 악감정을 품는다고 한들, 엄니를 자랑하는 이 기각류[***]는 온몸이 지방으로 둘러싸여 있어서 속마음이 전혀 티나지 않는답니다.

수년, 수십 년 동안 피땀 흘려 일하고 나면 삶에서 더욱 근본적인 변화를 찾게 될지도 모릅니다. 여러 직업을 전전하기보다는 일의 정의 자체를 완전히 떨쳐내기를 바랄 수도 있죠. 성공적인 커리어를 둘러싼 케케묵은 생각에 지쳤다면, 직장 규정과 사내 정치로 영혼이 시들었다면, 삶을 짓이기는 고된 일에서 벗어날 길을 찾고 있다면, 이번에도 인간 바깥의 세상에서 조언을 구하세요. 가장 거칠고 험한 곳으로 여행을 떠나보는 건 어떨까요? 까칠까칠한 소나무 껍질에서, 까마득하게 높은 절벽 아래 돌더미에서, 부츠 뒤꿈치 옆에 깨져 있는 이판암^{shale} 조각에서 당신이 찾던 답을 발견할 수도 있어요. 페인트 얼룩이나 나뭇잎 주름이나 실타래 같은 둥지에도 지의류^{lichen}[++++] 기업이 자리 잡고 있거든요. 단체 생활에 통달한 균류와 조류, 효모 독립체 둘이나 셋, 심지어 그 이상이 기반암에서 함께 토양의 의미를 캐내고 있죠. 여기, 경계의 가장자리, 외부의 기대라는 소음과 규범

[+++] 바다 생활에 알맞은 지느러미발이 달린 수생 포유류, 물개, 바다표범, 바다코끼리 따위가 속한다.
[++++] 균류와 조류의 공생체.

너머, 아주 오래된 것에서 새로운 것이 피어납니다. 하루나 이틀이나 평생을 투자해서 이들을 지켜보며 지낼 공간을 넉넉히 마련하세요. 지의류는 미묘한 교훈을 수없이 전해주죠. 하나만 꼽아보자면 오랫동안 찾아 헤맸던 대상을 발견하고 나면 무엇에든 서두를 필요가 없다는 것이 있죠. 당신도 이 평화, 기쁨, 소속감을 찾아보세요.

변신은 불가피하다

무어랜드호커잠자리moorland hawker의 애벌레는 스크루지 영감처럼 삶의 마지막 시기에 새로운 존재로 거듭난다. 오랫동안 불우한 이웃을 쉴 새 없이 위협하던 애벌레는 어느 날 아침에 일어나서 그간의 존재 방식을 완전히 떨쳐버린다. 다만 찰스 디킨스가 창조한 유명한 구두쇠와 달리, 이 애벌레가 갑작스럽게 마음을 바꾼 까닭은 유령의 방문이 아닌 듯하다. 크리스마스이브에 잠자리 유충 앞에 과거와 현재와 미래의 크리스마스 유령이 나타날 것 같지는 않다—어쨌거나 그 무렵에는 대개 연못이 얼어 있다. 혹시 유령이 나타난다면 곤충이 거치는 삶의 단계를 보여주는 모습으로, 그러니까 과거의 알, 현재의 물속 유충, 미래의 성충으로 나타나지 않을까. 무슨 자극을 받았든지, 애벌레는 연못 속 집에서 나와 근처의 갈대를 꽉 붙들고 십여 번의 탈피 가운데 마지막 탈피를 시작한다. 이번 한 번만 더 탈피를 거치면, 더욱 커다란 몸집과 겹눈과 무시무시하게 쩍 벌릴 수 있는 턱을 얻을 뿐만 아니라 완전히 재구성된 존재로 탈바꿈한다. 새로운 페르소나에 걸맞은 새로운 이름은 바로 날아다니는 용dragonfly✦이다. 이제 막 다시 태어난 잠자리—이처럼 변태를 갓 끝낸 곤충을 부정不整 성충teneral이라고도 한다—는 새로

✦ 잠자리를 의미하는 영어 단어 'dragonfly'를 직역하면 '나는 용' 또는 '용의 비행'이다.

운 삶의 목적을 이루는 데 앞으로 주어진 몇 주를 바친다. 하지만 스크루지 영감이나 자작나무좀birch borer이나 체크무늬팔랑나비checkered-skipper와는 달리, 무어랜드호커잠자리가 겪는 변태는 불완전하다. 잠자리와 실잠자리는 겉모습을 바꿀 수는 있어도, 영혼을 바꾸지는 못한다. 오래도록 꼼짝하지 않고 지내야 하는 번데기 단계를 겪지 않아서 지난날의 죄를 반성하지 않기 때문일 테다. 이제 무어랜드호커잠자리는 연못물 속에서 행패를 부리는 대신, 연못 위를 스쳐 날아다니며 행패를 부린다. 우선, 모기를 최대한 많이 잡아 게걸스럽게 먹어 치운다. 수컷은 암컷을 극성스럽게 괴롭혀서 암컷이 억지로 죽은 척하게 몰아간다. 마침내 겨울 세상이 내려앉아 잠자리를 엄중하게 단속할 때까지는 천박한 성격을 버리지 못한다.

진정으로 변화하려면 진정으로 헌신해야 한다. 땅에 갇힌 삶을 버리고 바다에서 살기로 마음먹었다면, 가다랑어든 왕고등어king mackerel든 수중 생활을 손쉬운 놀이로 묘사하는 이들의 조언은 멀리해야 한다. 이들은 물결만 거칠 것 없이 헤치고 나가면 되는 특권을 누릴 것이다. 오히려 배경이 더 다양한 이들, 한때 바위 위를 기어올랐거나 하늘 높이 솟아올랐지만 새로움을 받아들이고자 예정된 궤도에서 돌연히 벗어난 이들을 주목하는 편이 옳다. 젠투펭귄gentoo penguin은 커다란 희생을 견디고 유체역학에 숙달했다. 경쟁자 가마우지를 제치고 더 깊이 잠수하고자 날갯짓을 버리고 물갈퀴를 얻었다. 이제 젠투펭귄은 하늘을 가로질러 쏜살같이 날아가던 조상처럼 우아한 모습으로 파도를 헤치고 미끄러지듯 나아간다. 반대로 북방해달northern sea otter과 남방물개southern fur seal는 바다에서 무한한 자유를 얻기 위해 여전히 분투 중이다. 둘 다 아직도 모피 코트와 귓바퀴를 뽐내는데, 서로 전혀 다른 어미에게서 태어났지만 똑같이 지방을 잔뜩 두른 형제인 잔점박이물범harbour seal(진정한 물범)과 쥐돌고래harbour porpoise(진정한 돌고래)가 진작에 없앤 특징이다. 그래도 가장 치열하게 노력해서 바다를 향한 야망을 완전히 이루는 데 가장 가까이 다가간 동물은 아마 어룡목Ichthyosauria이리라. 지구 역사상 최악의 대량 멸종이 끝나자, 어룡의 조상은 페름기 이후 텅 빈 바다에서 새 출발에 나섰다. 하지만 그 누구보다 노련한 육상 동물이라고 해도 맨손으로 수중 생활을 개척하기란 지극히 어렵다. 레고 용마성Fire-Breathing Fortress 빈티지 세트를 갖고 있는데(정말 부럽다) 카리브 보물선Black Seas Barracuda 세트(이 세트 역시 빈티지 시리즈다)를 조립하라는 말을 들었다고 상상해보라. 어쩔 수 없이 해적선에 용의 날개를 달고 중세 성의 탑을 붙여야 할 것이다—그래도 보물 상자는 있으니까 배 옆면에 갖다 놓을 수 있겠다. 어룡류의 조상도 비슷한 일을 겪어야 했다. 파충류의 신체 기관을 수중 생활에 맞게 바꾸다 보니 구부러진 꼬리뼈를 꼬리지느러미처럼 쓰거나, 연조직+과 연골만으로 등지느러미를 만들었다. 모든 사정을 고려해볼 때, 어룡류의 모험은 대성공을 거뒀다. 익티오사우루스^{Ichthyosaurus}는 체형과 속도 면에서 당대의 상어를 뛰어넘었고, 고대 그리스인이 돌고래가 전하는 신탁을 조금이라도 받아들이기 2억 년 전에 태곳적 바다를 누볐다. 영국 릴스톡에서 발견한 화석으로 미루어 보건대 샤스타사우루스^{Shastasaurus}는 오늘날의 고래만큼이나 터무니없이 거대했던 것 같다. 옵탈모사우루스^{Ophthalmosaurus}는 빛이 거의 비치지 않는 깊은 물 속으로 곧잘 잠수해서 축구공만 한 눈으로 어둑어둑한 바닷속을 살피며 돌아다녔다. 유일하게 눈이 자기만큼 큼직한 다른 동물, 그러니까 눈이 징찬용 접시만 한 남극하트지느러미오징어$^{colossal\ squid}$나 아니면 적어도 이 오징어의 쥐라기 시대 조상을 찾고 있었을지도 모른다.

+ 힘줄이나 혈관처럼 단단하지 않은 신체 조직.

생활방식을 과감하게 바꾸려면 오랜 시간을 들여 노력해야 한다. 그렇다고 이미 존재하는 바퀴를 단박에 다시 만드느라 애쓸 필요는 없다.✦ 바퀴는 이런 변화를 설명하기에 적절한 비유가 아닌 것 같다. 실제로 자연은 역사가 도는 내내 바퀴를 피한 것처럼 보인다. 물론, 세상에는 굴러다니는 회전초도 있고 몸을 동그랗게 마는 공벌레도 있고 평생을 바쳐 구체 건축 작품을 만드는 쇠똥구리도 있다. 하지만 아직도 생물학계는 레이디얼 타이어✦✦를 단 로드러너roadrunner✦✦✦나 주문 제작 타이어를 끼운 타란툴라를 한 마리도 발견하지 못했다. 바퀴를 달면 서류상으로는 효율적으로 보이겠지만, 그런 동물은 보이지 않는다. 본디 바퀴가 결코 타협하지 않는 완벽주의를 고집하기 때문일 테다. 네모난 바퀴와 울퉁불퉁한 바퀴와 전혀 바퀴가 아닌 바퀴는 이동하는 데 쓸모가 없다는 점이 똑같다. 바퀴 모양에 대한 양자택일식 명령은 게 모양의 다채로움과 극명한 대조를 이룬다. 게의 생김새는 튼튼하고 쓸모 있는 디자인을 다양하게 아우르지만, 이 디자인 전부 헤엄이든 종종걸음이든 끊임없이 변하는

✦ 영어로 '바퀴를 재발명하다reinvent the wheel'는 이미 있는 것을 다시 만드느라 쓸데없이 애쓰거나 시간을 허비한다는 뜻이다.
✦✦ 고속 주행용 자동차 타이어.
✦✦✦ 비행에 서툴러서 걷거나 달리는 것을 좋아하는 뻐꾸기.

세상에서 해야 하는 일이라면 무엇이든 해낼 수 있다. 십각목 decapoda[++++]의 구성원은 몇 차례든 기존 설계를 지우고 아무런 거리낌 없이 필요에 따라 몸의 기본 형태를 바꾼다. 게를 닮는다는 것은 유연해진다는 뜻이다. 복부를 줄이고 두흉부를 늘린다는 핵심 원칙만 따른다면, 혈통이 진짜(단미류 Brachyura)인지 가짜(집게류 Anomura)인지는 중요하지 않다.[+++++] 보수적 태도를 지키며 절반쯤만 게가 되어도 괜찮다. 스쾃로브스터 squat lobster는 몸통 아래로 말아 넣은 꼬리를 아직도 지나치게 좋아한다. 우둘투둘 혹이 튀어나온 서양배 같은 몸으로 죽마竹馬를 타고 다니는 일본거미게 Japanese spider crab처럼 관습을 뛰어넘어도 상관없다. 요란하게 꾸민 광대 같은 모습이든, 설인雪人처럼 털이 덥수룩하든, 알록달록한 껍데기를 자랑하든, 곰 인형처럼 복슬복슬하든, 심지어 흰 바탕에 빨간 물방울무늬가 찍혔든, 당신 스스로 게로 여기고 당신의 생태 지위가 게로 여겨진다면 다 괜찮다.[++++++] 융통성. 적응성. 다재다능. 이것이야말로 석호 주변과 심해 열수

[++++] 머리와 가슴이 합쳐진 두흉부에 다리 10개가 붙은 동물로, 새우와 바닷가재, 게 등이 있다.

[+++++] 단미류는 게 대부분이 속한 종류로, 몸이 납작하고 두흉부가 크며 발 다섯 쌍 중에 첫 번째 한 쌍은 집게발이다. 집게류는 몸이 새우와 게의 중간 형태로, 소라 껍데기 안에서 생활한다.

[++++++] 각각 광대게, 설인게, 그물무늬금게, 테디베어크랩, 빨간점산호게를 가리킨다.

구⁺ 근처, 민물이 흐르는 개울 속과 코코야자 위에서 살아가는 게를 정의하는 특징이다. 완벽주의를 떨치고 첫걸음을 내디딜 새로운 당신을 정의할 특징이기도 하다.

재창조를 향한 길은 절대 벗어나지 말라고 경고받은 노란 벽돌길(날개 달린 원숭이를 조심해!)이 아니라 가능성의 무지갯빛 길로, 시기와 상황이 맞아떨어지면 어떤 갈림길로도 나아갈 수 있는 곳(그래, 날개 달린 원숭이랑 그리고…?)으로 상상하는 편이 낫다⁺⁺. 생명 자체도 우리 심장에 이런 식으로 접근했다. 당신과 나의 몸에는 녹슨 철처럼 붉은 피가 고동치지만, 거대구멍삿갓조개giant keyhole limpet는 구리 성분 때문에 순수한 파란색 피가 흐른다. 녹색나무도마뱀green tree skink이 흘리는 피는 라임과 옥의 중간쯤 되는 색깔이고, 개맛lamp shell 같은 완족동물⁺⁺⁺과 땅콩벌레peanut worm 같은 성구동물⁺⁺⁺⁺의 피는 보랏빛이다. 혈구 대신 부

⁺ 바다 밑바닥의 지각에서 뜨거운 물이 스며나오는 곳.
⁺⁺ 노란 벽돌길은 《오즈의 마법사》에서 도로시 일행이 가려는 에메랄드시로 이어지는 길이며, 날개 달린 원숭이는 같은 소설에서 서쪽의 마녀가 부리는 동물이다.
⁺⁺⁺ 긴 촉수관을 달고 다니는 조개 비슷한 동물.
⁺⁺⁺⁺ 몸이 좁고 긴 원통 주머니 모양이며, 자극을 받으면 땅콩 모양으로 수축한다.

동 단백질antifreeze protein+++++이 있어서 피가 주변의 남극 바닷물처럼 투명한 남극빙어ocellated icefish도 있다. 여러 시대와 동물문phylum을 두루 살펴보면, 온몸에 산소를 나르는 막중한 임무를 맡은 헴heme++++++과 수단은 다양하다. 이는 목적이 똑같다면, 그리고 그 목적이 무엇보다 중요하다면, 판이한 해결책이 하나의 진정한 방식으로 수렴할 수 있다는 사실을 보여준다. 코타오섬 무족영원Koh Tao Island caecilian과 유럽무족도마뱀European glass lizard은 같은 강class도 아니고 같은 대륙에 살지도 않지만, 둘 다 굴 파기를 무척이나 좋아해서 결국 다리를 몽땅 없애버렸다. 박쥐는 밤을 좋아하고 흰고래는 물을 좋아하지만, 형편없는 시력과 쉴 새 없는 수다라는 공통점으로 묶인다. 게다가 어찌 된 일인지 이 둘은 비슷하게 초음파의 반향反響으로 위치를 파악하는 방법을 갈고닦아서 전혀 다른 각자의 세계를 분석한다.

선택지가 이처럼 다양하게 주어지면 아무런 표지판도 없는 갈림길에 선 느낌일 수도 있다. 그럴 때는 마음속 굳은 의지를 따

+++++ 추운 물에 사는 물고기에서 흔히 발견되는 단백질로, 낮은 온도에 몸이 어는 것을 막는다.
++++++ 헤모글로빈의 색소 성분.

라야 한다. 더 나은 삶을 위해 *당신은* 구체적으로 어떤 미래상을 품었는가? 장래에는 기존 강점을 더욱 강화해야 할 수도 있다. 남들에게 기대지 않고 인생을 책임질 수 있다는 데 자부심이 있다면 C4 식물의 광합성 방식을 받아들이는 건 어떨까?✦ 19가 지나 되는 식물 과family가 이 방식을 독립적으로 성취했다. 친구들을 짜릿짜릿하게 자극하는 일이 즐겁다면, 몸으로 전기를 일으키려고 노력해도 좋겠다. 서로 전혀 다른 물고기 여섯 계통도 발전 기관을 진화시켰다. 이처럼 변신하려면 이미 가지고 있는 것을 활용할 줄 알아야 한다. C4 옥수수와 C4 데이지, C4 잔디는 대사 경로를 바꿔서 물을 적게 쓰면서도 당류를 효율적으로 만드는 방식을 개발했다. 전기뱀장어와 전기가오리는 수축성 세포를 화학 전지로 바꾸어서 가장 냉소적인 관객조차 아찔하게 흥분시켰다. 물론, 정반대로 난 길을 선택해서 기존 단점을 보완해도 괜찮다. 편식을 고치고 더 건강하게 먹는 식습관을 기르면 어떨까? 끈끈이주걱sundew과 통발bladderwort은 질소 부족을 해결하느라 아홉 차례에 걸쳐 벌레 위주의 식단으로 바꾸었다. 케팔로투스Australian pitcher plant는 식충 사업에 뛰어들면서 자기 몸을 개조하는 일조차 마다하지 않았다. 이파리는 순진한 파리를

✦ C4 식물은 C3 식물에 비해 이산화탄소가 부족한 환경에서도 효율적으로 광합성 할 수 있다.

유혹하는 함정으로, 곰팡이 퇴치 효소는 호기심을 이기지 못하고 들어온 개미를 녹이는 소화액으로 바꾸었다. 마음속 바람을 파악하라. 기존 자원을 활용하라. 지금과는 다른 모습으로 변하라. 이것이야말로 새롭고 더 나은 자아를 구축하도록 이끌 확실하고 견실한 조언이다.

재창조에 관한 이야기가 부담스러워서 당신이 움츠러들고 마음을 닫아버리는 건 아닐지 모르겠다. 자연스러운 반응이니 괜찮다. 오스트레일리아 서부 앞바다에서 발견된 박테리아처럼 20억 년 동안 습관도 모습도 바꾸지 않고 단순한 단세포로 살아간다면 얼마나 좋을까! 하지만 당신은 유황이 가득한 심해 환경에서 살지도 않고, 사실은 정체 상태에 갇히고 싶지도 않을 것이다. 세상이 변하는 것처럼 당신도 변화하고 싶을 것이다. 때로는 은근하게, 때로는 송두리째. 어쩌면 당신은 불쑥 날아오르는 제임스홍학puna flamingo 떼에 깜짝 놀라면서, 덥수룩한 털을 휘날리며 반원형으로 모이는 사향소 무리를 지켜보면서 남몰래 전율할지도 모른다. 평화로운 나날에 돌진한 그런 만남이 삶을 감당하기 어려울 만큼 낯설고 두렵게 바꿔놓을지라도 설렐 것이다. 그러나 일이 잘못 풀리면 정말로 위험해지므로 두려움을 느끼는 것도 당연하다. 미지의 세계로 뛰어들었다가 추락하는 대가가 터무니없이 비쌀 때도 있다. 5억 년 전 평온했던 고생대 캄브리아기, 과격한 깨달음과 행동이 일반적이었고 바다가 몸과 마음의 혁명으로 요동치던 시절에도 실패는 예외가 아니라 예사였다. 눈 다섯 개와 진공청소기 호스 같은 주둥이를 자랑하던 오파비니아Opabinia의 실험은 현재 그 어떤 후손도 남기지 못했다. 눈이 자루 끝에 달렸고 입이 카메라 셔터처럼 움직이는 아노말로카리스Anomalocaris는 오르도비스기까지 더 오래 버텼지만, 끝내 살아남지 못하고 무악류[+]에 밀려났다. 할루키게니아Hallucigenia를 뒤이을 만한 후예는 환각제를 아무리 많이 먹더라도 상상하지 못할 것이다.[++] 이 생명체는 하도 기괴하게 생긴 탓에 학자들이 머리와 꼬리를 착각하고 가시와 다리를 혼동해서 앞뒤와 위아래를 뒤집어 재구성한 적도 있다. 오랜 세월 동안 새로움을 향한 시도는 셀 수 없이 많았고 유용한 실험도 많았지만, 성공은 드물었다. 이판암에 찍힌 자국 몇 개와 수지로 본을 떠서 박물관 선반에 얹어놓은 모형 한두 개를 제외하면 보여줄 것도 그다지 없다. 살아남은 흔적이라고 해도 기억 구석

[+] 고생대에 등장한 턱이 발달하지 않은 초기 어류.
[++] 할루키게니아라는 이름은 '환상적이고 비현실적'이라는 뜻으로, 환각제hallucinogen와 어원이 같다.

에 웅크리고 있고, 대다수는 시간 속에서 사라지고 없다.

지치고 싫증 난 이들은 이런 사례를 들이밀며 시도와 실험을 거치지 않은 것은 없다고, 하늘 아래 새로운 것은 없다고 우길 것이다. 그래서 회계사나 보험 계리사처럼 검증되어 안전한 일을 해야 한다고, 무난한 베이지색이나 차분한 회색처럼 중간색으로 페인트칠하라고 조언할 것이다. 하지만 삶이 과감한 모험이 아니라면, 대담한 선택의 시간이 아니라면, 우리는 왜 태어난 걸까? 게다가 밥값 하는 보험 계리사라면 산다는 것이 곧 위험을 무릅쓴다는 것, 어떤 행동에든 위험이 뒤따르며 뒤따라야 한다는 것, 우리 몸이 스러지기 전까지 주어진 시간은 유한하다는 것을 알 테다. 우리 자신을 진정으로 바꾸려는 시도가 실패할 수도 있지만, 그 실패는 적어도 지금보다 더 나은 존재가 되려고 용감하게 부딪혀 봤다는 뜻이다. 만일에, 정말로 만에 하나 운이 통해서 우리 예감이 성공을 거둔다면, *피카이아 그라킬렌스*Pikaia gracilens에게 은혜를 베푼 바로 그 운명이 우리를 떠받치리라. 캄브리아기에 등장한 이 자그마한 동물은 모든 척추동물을 낳았다.✢✢✢ 그 덕분에 무미건조했을 이 세상에 휘황찬란한 케찰quetzal과 무지개보아rainbow boa와 너무나도 영리한 유인원 무리가 생겨나서 누구는 대담하게 알록달록한 겉옷을 두른 채 구애의 노래를 부르고, 누구는 언어와 몽상의 게가 종종걸음치는 바닷가에서 꿈결에 잠긴다. *게의 불멸성을 생각하면서.*++++

++++ 피카이아 그라킬렌스는 무척추동물과 척추동물 사이의 연결고리로 여겨진다.
++++ 스페인어 관용구 '게의 불멸성을 생각하다pensar en la inmortalidad del cangrejo'는 백일몽에 빠져 있다는 뜻이다.

7. 존속

Utter, Earth

대초원루핀prairie lupine은 1980년에 미국 세인트헬렌스산이 분출한 이후 이 화산을 둘러싼 퍼미스 평원에 가장 먼저 다시 돌아난 식물이다. 보랏빛 꽃을 피우는 이 여러해살이풀은 공기 중의 질소를 땅에 고정했고, 땅굴을 파는 땅다람쥐gopher와 이리저리 걸어 다니는 와피티사슴은 화산재 사이로 공기를 불어 넣었다. 1977년, 학계에 아직 알려지지 않은 생명체 군집이 갈라파고스 열곡의 심해 열수구 주변에서 발견되었다. 분출구 한 곳에는 '장미 정원'이라는 이름이 붙었다. 갈라파고스민고삐수염벌레giant tube worm의 끝부분이 붉은 데다, 기다란 관을 뻗고 무리 지어 있는 모습이 꽃다발을 닮았기 때문이다. 잎꾼개미leafcutter ant는 6천만 년 전부터 열대우림과 초원에서 다양한 균류를 재배

했다. 개미와 인간, 특정 흰개미뿐만 아니라 암브로시아딱정벌레ambrosia beetle도 농사를 짓는다. 2002년, 연구진이 '장미 정원'으로 돌아왔더니 꽃다발이 새로운 용암류에 휩쓸려 가고 없었다. 하지만 후속 탐사 결과, 근처에서 아직 어린 관벌레tube worm와 홍합, 조개 무리가 서식하는 새로운 열수구가 발견되었다. 이곳은 '장미 봉오리'라는 이름이 붙었다.

마음대로 동물을
만들어보세요

비니 베이비스Beanie Babies⁺와 대형 쇼핑몰이 열풍을 불러일으키던 시절, 혼자 쇼핑몰에 들어갔다가 완벽한 단짝과 함께 나온다는 개념이 생겨났다. 나의 요구에 정확하게 맞춰서 친구를 디자인한다니! '즐거운 우리 집' 문구가 적힌 티셔츠를 입고 반짝거리는 흰 플랫슈즈를 신은 고전적 테디베어는 어떨까? 언젠가 부모님이 사주겠다고 약속한 대로 꾹 누르면 노래가 나오고 풍선껌 향을 풍기는 강아지 인형은? 하지만 요즘에는 십 대가 쇼핑몰에서 죽치고 노는 문화와 오프라인 매장 모두 인기가 시들해져서 이처럼 친구를 만드는 서비스를 이용하기가 갈수록 어렵다. 적어도 합성 섬유를 자유자재로 다루는 데 필요한 소용돌이 공법을 갖춘 봉제 기계를 찾아보기가 힘들다. 어쩌면 이런 상황이 최선일지도 모른다. 어디에나 사탕과 솜 충전재를 채우면 싫증 날 테니까. 눈에 잘 띄지 않기로 유명한 데다 성미가 고약하지는 않을지 의심스럽기까지 한 봄청개구리spring frog와 트리케라톱스를 품에 껴안는 물건으로 바꿔야 할까? 비니 베이비스와 대형 쇼핑몰의 전성기가 지나간 지금, 사람들이 무언가의 아바타보다는 더 자유롭게 살아 움직이는 존재를 갈망한다면? 우리 마음을 어루만지는 위안은 안전하며 똑같이 만들어 장사

✦ 미국 타이 주식회사Ty Inc.에서 만든 봉제 동물 인형으로, 1990년대 후반에 유행하며 수집 붐이 일었다.

할 수 있는 대상으로 도피하는 것이 아니라 미처 사라지지 않은 야생, 소설보다 기묘하고 아직 알려지지 않은 대상을 포용하는 데 있으리라. 이런 감성에 관심이 간다면 계속 글을 읽어주길 바란다. 다음에 나오는 글은 진작에 알고 있었지만 필요한 줄은 몰랐던 존재를 발견하도록 이끌 안내서이자, 들어본 적도 없지만 꼭 만나고 싶을 생명체를 상상하게 돕는 참고서이며, 마음속 내밀한 공간을 플라스틱이 아닌 엉뚱한 존재로 채우기 위한 설명서다. 이들 모두 당신 마음속에서 오래도록 행복하게 살아가리라고 약속한다.

1단계 : 눈을 감고 머릿속에서 동물 만들기 여정에 나서라. 머리부터 시작하면 된다. 눈썹과 혹, 뿔 등 얼굴을 장식할 가지각색 특징을 선택해보자. 숱 많은 깃털이 얼굴 좌우에 달렸다면? 눈길을 잡아끄는 눈썹이 부리의 뿌리 부분까지 뻗어 있는 스네어스펭귄Snares penguin이다. 뼈 같은 것이 다섯 개 돋아 있다면? 로스차일드기린Rothschild's giraffe이다. 기린 머리에서 쑥 튀어나온 뿔을 오시콘ossicone이라고 하며, 기린마다 개수도 제각각이고 위치도 다르다. 혹시 이상하게 코가 큰 동물이 자꾸 떠오른다면? 작은뿔표문쥐치whitemargin unicornfish는 어떨까. '주둥이 융기부rostral protuberance'라고 고상하게 불리는 돌기를 뽐내는데, 이 돌기는 미숙한 어린 시절 동안 발달한다.

선택 기준에 유용성을 포함해도 좋다. 예를 들어 뿔은 강력한 경고를 보내서 커다란 대가가 돌아올 충돌을 막거나 가라앉히는 데 쓰일 수 있다. 대부분의 사자는 살았든 죽었든, 아프리카들소의 뾰족한 뿔에 찔리거나 뿔의 두꺼운 뿌리 부분에 들이받힐 수 있다는 사실을 안다. 죽은 사자라면 죽기 전에 알게 된다. 이 뿔의 뿌리, 즉 머리뼈 위에 붙은 뼈 덩어리를 영어로는 '보스boss'[+]라고 하는데, 참 잘 어울리는 이름이다. 리걸나방regal moth의 애벌레는 히코리뿔달린악마hickory horned devil로 불린다. 악마의 몸에 난 검은색과 주황색 가시는 배고픈 새가 애벌레를 핫도그처럼 먹지 못하게 막아준다. 우두머리 수컷 큰뿔야생양의 구부러진 뿔은 더 어린 도전자에게 단박에 경고 메시지를 보낸다. 네놈이 이길 가능성은 전혀 없으니 내 시간이든 네 기력이든 낭비하지 말고 썩 꺼져.

적수의 몸통 꿰뚫기, 무서운 무기인 척 가장하기, 평화 유지하기. 어떤 목적에든 저마다 알맞은 뿔이 있는 듯하다(작은뿔표문쥐치처럼 딱히 떠오르는 기능이 없는데도 존재하는 뿔도 있다).

[+] '두목', '지배자', '거물' 등을 의미하기도 한다.

뿔의 성분 자체는 그다지 중요하지 않을 수도 있다. 계절에 맞춰 새롭게 돋아나는 사슴뿔처럼 일부 뿔은 벨벳으로 감싼 뼈다. 헤라클레스장수풍뎅이Hercules beetle 수컷의 흉부에서 솟은 뿔은 키틴질이며 평생토록 창 시합에서 휘두를 수 있다. 일각돌고래narwhal의 수컷과 일부 암컷이 얼굴 앞에 장착한 특대형 나선 엄니처럼 뿔이 사실 이빨인 경우도 있다. 법랑질++이 없는 이빨을 3미터나 내민 채 북극 바다를 헤치고 다닌다고 하면 잇몸이 약한데 아이스크림이 자꾸 당기는 이들에게는 악몽처럼 들릴 테다. 하지만 몸매가 꼭 소시지 같은 일각돌고래는 이 민감한 이빨로 주변 환경을 판단할지도 모른다. 학계는 고래가 자그마한 구멍과 신경 말단이 수백만 개나 있는 이 기관으로 미세한 염도 변화나 장래의 짝이 내보낸 화학물질을 감지할 수 있다는 이론을 세웠다. 뿔은 분위기를 읽는 센서, 감지할 수 없는 세계의 비밀을 드러내는 도구가 될 수도 있다.

2단계: 당신의 동물에게 어울릴 가죽과 털을 선택할 차례다. 서두르지 말고 찬찬히 고르도록 하라. 외피는 몸치장뿐만 아니라

++ 치아 표면을 덮어서 보호하는 단단한 물질.

온전한 정체성에도 지극히 중요하다. 모조 솜털, 폴리에스터, 면 벨벳은 그냥 지나치자. 오랜 세월에 걸쳐 검증받은 자연 소재가 몸에도 잘 맞고 기능도 뛰어나다. 평범한 털과 깃털 선택지도 다양하지만, 역시 넘어가는 게 좋겠다. 비늘은 어떨까? 천산갑과 사향쥐캥거루musky rat-kangaroo를 제외하면 포유류 대다수가 비늘을 낮잡아 보지만, 비늘을 널리 받아들인 동물도 있다. 섬세한 디자인 감성을 드러내려면 나비와 나방의 영롱한 옷차림이 이상적일 것이다. 얇디얇은 날개를 덮은 미세한 비늘은 나노 구조로 이루어져 있어서 인공 화학물질 없이도 곱게 색을 입히고, 자연스럽게 무지갯빛으로 반짝이고, 심지어 먼지와 오염도 어느 정도 막아준다. 오염 방지 기능은 박각시나방sphinx moth과 남부다트나방southern dart처럼 변태 이후에 날개를 관리하지 못하는 자그마한 속도광에게 특히나 유용하다. 더욱이 차세대 자가 세정self-cleaning 섬유를 개발하려는 기술자에게도 영감을 선사할 것이다. 빳빳하게 풀을 먹인 리넨 셔츠에서 마리나라 소스⁺를 홀홀 털어내면 된다고! 달그락거리는 스팽글 티셔츠에 흘린 칠리오일이 스며들지 않고 방울 맺힌다니! 턱받이 없이도 얼마든지 슬로피조⁺⁺ 샌드위치와 갖가지 빈달루 카레⁺⁺⁺를 게걸스럽게

⁺ 이탈리아의 토마토소스.
⁺⁺ 토마토소스로 조리한 다진 소고기 요리.

먹을 수 있는 세상이 온다니까!

　　혹시 더 견고한 비늘을 원한다면 파충류의 비늘이 딱 알맞다. 파충류는 수분 손실 문제를 가장 중요하게 고려해서 케라틴을 보강하여 밀랍을 바른 듯한 표피를 개발했다. 게다가 파충류의 표피는 자외선 차단 기능도 자랑한다. 몸 안의 수분을 확실하게 지켜주는 피부에는 온갖 상황에 필요한 옵션까지 딸려 있다. 단순하고 우아하면서도 실용적인 비늘을 찾는다면? 뱀 가죽 시리즈를 슬쩍 걸쳐 입고 시험 운전에 나서서 팔다리 없이 나아가는 다섯 가지 이동 방식을 경험해보자—S자 모양으로 구불구불 나아가는 맛이 특히나 일품이다. 배에 난 비늘과 지면의 마찰 수준을 최적으로 맞춘 덕분에 이런 운전이 가능하다. 인터렉티브 미디어++++ 장치를 장착한 피부에 관심이 간다면? 색소 세포로 포장된 카멜레온 피부는 내면의 감정 상태를 실시간으로 드러내기에 완벽한 캔버스가 된다. 저수가 우글거리는 땅으로 들어가야 한다면? 악어나 거북처럼 인갑鱗甲을 마련하면 문제없다. 피부 아래의 뼈 같은 판은 싸움이나 먹잇감을 노리고 돌아다니는 적을 막는 데 도움이 된다. 물론, 기능 때문

+++　고추와 강황, 식초 등에 재운 돼지고기를 넣어서 끓이는 매운 카레.
++++　텍스트, 애니메이션, 그래픽, 영상 등 콘텐츠를 사용하는 사람의 동작에 반응하는 디지털 매체. 사용자와 기계의 상호작용이 핵심이다.

에 패션을 포기할 필요는 없다. 파충류 카탈로그에는 샌프란시스코가터뱀San Francisco garter snake이나 청록색난쟁이도마뱀붙이William's dwarf gecko, 장식다이아몬드백테라핀ornate diamondback terrapin을 비롯해 휘황찬란한 색깔을 자랑하는 동물이 수두룩하다. 다만 이처럼 눈부신 비늘을 당장 구할 수 있는지 확인하는 편이 좋다. 특히 방금 말한 세 종이라면 반드시 미리 알아보아야 한다. 재고가 줄어들고 있는 데다가 당장은 재입고도 불가능한 상황이다.

유선형의 클래식 시크가 취향에 더 잘 맞는다면, 물고기 비늘을 보지 않고 지나칠 수는 없다. 방패 모양인 순린placoid부터 둥근 원린cycloid, 단단하고 네모난 경린ganoid, 빗살 모양 즐린ctenoid까지 다채롭게 준비되어 있으니, 어떤 환경에서 살든 알맞은 비늘을 선택하면 된다. 관리하기 편한 기능성 피부에 관심이 가지는 않는지? 그렇다면 피치dermal denticle[+]로 온몸을 덮은 상어를 한번 살펴보시라. 한쪽으로 쓸어보면 매끄럽지만 반대 방향으로 쓸면 사포처럼 거칠다. 이 피부를 두르면 물을 헤치고 빠르게 나아가기가 너무나도 쉽기에 상어 피부를 모방해서 만든 수영복을 입은 선수가 부당한 이익을 누린다고 판단한 올림픽

[+] 순린의 다른 이름으로, 피부에 돋은 이빨이라는 뜻이다.

위원회는 이 수영복을 금지하기까지 했다. 올림픽 대신 르네상스 박람회를 방문해서 아라파이마arapaima의 갑옷 세트를 구경하면 어떨까? 광물화되어 딱딱한 외부층과 부드러우면서도 질긴 내부층으로 이루어진 이 비늘 갑옷은 아라파이마가 어떤 식으로 두들겨 맞거나 찔리더라도 몸을 보호하도록 진화했다. (건기에 아마존 분지를 방문해서 수영을 즐기고 싶다면 아라파이마의 비늘을 강력하게 추천한다. 강물 수위가 지나치게 낮아져서 주변 물고기가 지나치게 들러붙을 텐데, 이 갑옷의 안전 등급은 피라냐의 이빨도 막는 수준이다.) 기품 있게 움직이는 것이 무엇보다도 중요하다면 연어 가족을 꼼꼼하게 살펴보길 권한다. 산란기가 되면 은빛 몸이 붉은색으로 바뀌는 홍연어sockeye salmon부터 이름에 걸맞게 선명하고 찬란한 무지갯빛을 흩뿌리는 무지개송어rainbow trout까지, 각 물고기가 미술관 큐레이터이자 패션모델이나 다름없다. 일부 진지한 낚시꾼은 짙은 올리브색 몸통에 강렬한 주황색 물방울무늬를 찍고 바다에서 돌아오는 돌리바든곤들매기Dolly Varden char를 신성하게 여긴다. 수정같이 맑은 강물에서 일생을 보내는 코스터브룩송어coaster brook trout의 별처럼 반짝이는 빨간색과 노란색 피부를 더욱 거룩하게 받드는 낚시꾼도 있다. 이러니 어느 물고기의 비늘이 가장 좋을지 결정하기가 몹시 까다로울 것이다. 연어과의 피부 디자인은 어떤 것이든 지극히 고상하다. 생전에 취미로 낚시를 즐겼던 작가 코맥 매카시조차 퓰리처상을 받은 소설 《로드》의 마지막을 송어로 마무리했다. 매끈하고 윤기 나는 송어의 몸은 모든 생각을 초월하는 무늬, 생성되어 가는 세상의 영광을 담은 지도이자 미로다.

선택한 머리 장식과 의상이 마음에 쏙 드는지? 이제 부속기관과 액세서리를 고를 차례다. 팔다리를 네 개 이하로 제한하고 싶은 사람을 위해 네발짐승 스타터 팩을 준비했다. 이처럼 제한 사항이 있어도 선택의 폭이 상당히 넓다. 몸통을 든든히 떠받치는 다리, 땅굴을 파는 데 알맞은 다리, 높은 곳의 과일을 따는 데 유리한 팔 중에서 골라보자. 샤이어shire 품종 말의 네 다리는 위태위태한 발톱 위로 뻗은 성냥개비 같지만, 1톤이나 나가는 몸무게를 지탱할 수 있다. 멕시코맹꽁이Mexican burrowing toad의 뒷발은 삽처럼 넓적해서 흙의 제국으로 파고들기에 알맞다. 검은머리카푸친tufted capuchin이 손으로 물체를 강하게 잡는 방법은 네 가지, 정밀하게 쥐는 방법은 16가지다. 카푸친이 돌멩이를 망치처럼 내려쳐서 투쿰tucum✦ 견과 껍데기를 깨부수고 속을 빼

✦ 아마존의 가시 많은 야자.

내려면 힘보다 기술이 더 많이 필요하기 때문 아닐까. 동물의 팔다리는 두려움의 대상이 될 수도 있고, 땅을 파고 깎을 수도 있고, 살점을 발기발기 찢을 수도 있다. 큰개미핥기giant anteater는 흰개미 집에 낫 같은 발톱을 박아 놓고 앞다리를 몸쪽으로 당겨서 부서뜨린다. 하피독수리harpy eagle는 견과 껍데기를 깨고 있는 원숭이에게 다가가서 사람의 주먹처럼 감싸 쥘 수 있는 갈고리발톱으로 낚아챈다. 서로 조화롭게 움직이는 팔다리는 땅과 바다, 하늘 어디에서든 협력해서 동물을 먹여 살린다. 젊은 쿠바악어Cuban crocodile는 전속력으로 달리고 싶은 충동이 들면 기어를 바꿔서 조상처럼 빠르게 달음박질칠 수 있다. 캘리포니아강치California sea lion는 특대형 지느러미발을 이용해서 최대 5G++의 힘으로 피루엣pirouette+++을 선보일 수 있다. 적갈색벌새rufous hummingbird는 날개를 파닥거리며 8자 모양으로 하늘을 날 수 있다. 이 동작으로 공중에서 제자리에 머물기도 하고, 로키산맥과 멕시코의 게레로주 사이를 3천 킬로미터 넘게 날기도 한다. 팔다리는 욕망의 날개처럼 쓰이지만, 반드시 말 그대로 날개일 필요는 없다. 그리고 날개 달린 동물은 마침 영어 제목

++ 지구 중력의 5배. G$^{G\text{-force}}$는 중력가속도Gravitational force의 단위로, 1G는 지구 표면에서 우리가 느끼는 중력 약 $9.8m/s^2$에 해당한다.

+++ 한 발을 축으로 팽이처럼 도는 발레 동작.

이 '욕망의 날개Wings Of Desir'인 빔 벤데르스의 영화 <베를린 천사의 시> 속 천사처럼 날개를 잃고 지상으로 내려올 필요가 없다. 혹시 다리 여섯 개짜리 배열에 흥미가 생긴다면 당신의 세계를 넓혀서 곤충까지 너그러이 받아들이는 건 어떨까? (대체로 바람직한 태도이기도 하다.) 방황하는바이올린사마귀wandering violin mantis는 다리 여섯 개를 효과적으로 활용한다. 다리 네 개로는 날마다 나뭇가지를 기어오르고 나머지 두 개로는 가끔 짝을 붙든다. 아니면 더 나아가서 두족류까지 고려해도 좋다. 그러면 팔다리 숫자를 다리가 여덟 개 달린 문어나 극모+가 아흔 개나 되는 앵무조개 수준으로 올릴 수 있다. (소소한 조언 하나 : 빨판이 달린 촉수가 표준 모델이며, 오징어의 경우는 가시가 돋친 빨판이 더 흔하다.)

    대담한 모험이 끌린다면 팔다리 모양과 기능의 한계를 자유롭게 확장해도 괜찮다. 불가사리는 각 팔에 발이 수백 개씩 달린 수관계++를 이용해서 빠르게 이동하는 동시에 맛을 볼 수 있다. 그야말로 막대한 숫자를 원한다면 오스트레일리아 서부의 광산을 깊이 파헤치고 들어가 에우밀리페스 페르세포네 Eumillipes persephone를 만나야 한다. 노래기를 가리키는 영어 단어

+   오징어나 문어 같은 동물의 몸 표면에 난 굵고 가시처럼 억센 털.
++ 불가사리 같은 극피동물의 운동·호흡·소화 기관으로 대롱 같이 생긴 발이 붙어 있다.

는 천 개의 다리라는 뜻의 'millipede'인데, 이 이름에 들어맞는 노래기는 정말로 다리가 천 개 넘게 달린 *에우밀리페스 페르세포네*가 유일하다. 눈이 침침한 곤충학자가 다리 개수를 세 번이나 확인했다. 학계는 이 노래기가 땅속 깊이 들어가는 동기가 지하 세계의 여왕 페르세포네+++를 찾겠다는 집념보다는 탈피 과정을 촉진하는 균류를 찾겠다는 욕망이라고 짐작한다. 탈피를 거치면 다리를 더 많이 만들 수 있고, 다리가 더 많으면 굴을 파기가 더 수월해지고, 이 과정이 끊임없이 반복되면서 노래기는 끝없이 이어지는 다리 위에 올라탄 초소형 불도저가 된다.

여러 단계를 거쳐 팔(과 다리)까지 갖추었으니 드디어 당신도 무수한 생물을 마음대로 마음속으로 소환할 수 있다. 어떤 동물을 원하는지 딱히 감이 오진 않지만 그래도 깜짝 놀라고 싶을 때는 무작위 조합이 재미있다. 뿔 한 개 더하기 우둘투둘한 피부 더하기 홀수 발가락은? 정답은 인도코뿔소다. (이 등식에서 몸집 크기를 작은 숫자로 바꾸면 친척인 자바코뿔소 수컷이 나온다.) 뿔 두 개 더하기 파충류 비늘, 그런데 다리가 없다면? 사하라뿔살무사

+++ 그리스 신화에 나오는 여신으로 저승을 다스리는 하데스의 아내가 되어 한 해의 절반은 지하에서 보낸다.

Saharan horned viper다. (여기에 뿔을 하나 더 더하고 팔다리 네 개도 더하면 잭슨카멜레온Jackson's chameleon 수컷이 나온다.) 뿔도, 비늘도, 팔다리도 싫다고? 걱정하지 않아도 된다. 이런 경우 먹장어가 기본값으로 설정되어 있다. 다만 먹장어는 점액 양이 터무니없이 많은 데다 껍질이 불편할 정도로 흐물거리는 탓에 품에 꼭 껴안기도 어렵고 목구멍으로 삼키기도 까다롭다. 머릿속에서 동물을 그려내는 놀이가 재미있으려면 상상력이 풍부해야 하지만, 상상력이 지나치게 풍부해서는 안 된다. 뿔이 다섯 개, 팔다리가 열 개 달린 변색 동물은 아직 발견되지 않았기 때문이다(산호 조각처럼 위장한 카리브암초문어Caribbean reef octopus가 그나마 비슷하기는 하다). 더욱이 이 글은 키메라나 식물을 만들기 위한 안내서가 아니다. 키메라는 머리가 너무 많이 달려 있어서 실제로 만들기가 어렵고, 식물은 변수가 너무 많아서 이것저것 조합해 완성작을 만들기가 어렵다. 게다가 식물을 기르는 주요 방법은 여전히 가장 간단하고 인기 있어서 식물 재배 설명서를 따로 찾는 사람도 없다. 그저 씨를 뿌리고, 춤을 추고, 기도를 올리면 된다.

공식 빌드어베어™Build-A-Bear⁺ 가게에서 인형 만들기 과정이 끝나면, 공식 빌드어베어™ 직원이 춤을 춘 다음 인형 안에 넣을 하트 모양 천을 고르라고 요청한다. 거의 완성된 인형 안에 대량 생산된 체크무늬 심장이나 새틴 재질 심장을 넣는 일은 상징적 행위다—진짜 심장 박동 소리를 녹음한 하트 모양 칩을 넣을 수도 있지만, 돈을 더 내야 한다. 물론, 맞춤 제작 과정에서 조잡하다거나 비용이 든다거나 대체로 무의미하다는 이유를 들어서 천으로 만든 심장과 소리가 나는 심장과 심지어 산소를 온몸에 공급하는 심장까지 모두 마다할 수 있다. 심장은 수많은 생물 계통군에서 필수가 아니며, 심장이 없다고 해서 따뜻한 마음까지 없어지는 것도 아니다. 오히려 그 반대가 진실일지도 모른다. 심장이 없는 생명체는 대체로 무척 너그럽다. (다만 지나치게 일반화하지 않도록 주의하자. 일부 해면은 유리 조각처럼 껄끄럽고, 일부 산호는 독침 쏘는 일을 좋아한다.) 심장을 포기하면 이점도 따라온다. 데옙스타리아^{Deepstaria} 해파리++처럼 바다의 물결을 순순히 따를 수 있다면, 외부에 맞서 몸 내부를 지킬 필요가 없다. 페르시아카펫납작벌레$^{Persian\ carpet\ flatworm}$처럼 몸이 납작할 수 있다면, 혈액 순환 문제에 신경 쓸 필요도 없다. (혹시 마지막으로 피부 색깔을 바꾸고 싶다면? 해양 납작벌레 컬렉션을 찬찬히 살펴보면서 참신한 아

+ 원하는 봉제 인형에 솜을 채워 넣고 옷을 입혀서 완성하는 장난감 가게.
++ '*Deepstaria*'는 라틴어로 된 학명이며, 주로 영어식 발음인 '딥스태리어'로 불린다.

이디어를 떠올리길.) 스타버스트말미잘starburst anemone처럼 홀로 지내면서도 번식할 수 있고, 자기 몸 일부를 증식해서 떼어내면 또 다른 나를 하나 더 만들 수 있는데, 왜 다른 이들과 어울리면서 심장이 찢어질 듯한 아픔을 감수해야 하는 걸까?

    심장이 있다거나 없다는 개념, 자기 자신을 복제한다는 개념을 이 안내서에서 다루기는 어려울 듯하다. 우리는 심장을 어떻게 생각하는 걸까? 심장이 없는 산호 폴립[+]이나 관해면tube sponge 이야기에서 보았듯이, 숱한 설화와 영웅담에서 우리가 집착하는 심장은 단순한 펌프나 근육 덩어리가 아니다. 심장은 존재의 리듬이 생겨나는 본질이다. 이 행성, 이 바윗덩이 위의 치열한 삶을 이루는 일이 맥동하는 본질이며, 일정한 박동을 30억 년 넘게 만들어지고 있는[++] 선율 한 가락으로 바꾸어 나가는 커다란 모험이다. 이 선율은 더 오래된 공동체, 불가사의가 깃든 온 우주의 연합을 배경 삼아 연주된다. 헤아릴 수 없는 자기만의 리듬에 맞춰서 쿵쿵 뛰는 우주는 이 선율에 귀를 기울이고 있을 수도 있고, 아닐 수도 있다. 전부 이 안내서에서는 다룰 수 없는 내용이다.

    [+]   산호나 해파리 같은 자포동물의 촉수.
    [++]   지구에서 최초의 세포 생명체가 등장한 것은 약 38억 년 전으로 추정되며, 현재까지 확인된 최초의 생명체 시아노박테리아는 약 37.6억 년 전에 등장했다.

동물 에세이를
쓰고 싶다고?

음, 나도 그랬다. 동물에 관한 에세이를 썼으니, 이제는 기본 규칙을 몇 가지 정해야겠다. 일반적인 에세이를 쓰려면 일반적인 언어 품사를 잘 알아야 하듯이, 동물 에세이를 쓰려면 확실히 동물 갈래에 정통해야 한다—내 생각에는 그렇다. 동물 갈래는 여덟 개일 수도 있고, 800개일 수도 있다. 잘 모르겠다. 나는 동물 문법학자도 아니고, 일반적인 문법학자도 아니다. 요즘 다들 그러듯이 나도 빈둥거리며 인터넷 세상을 떠돌다가, 그래머리^{Grammarly}[+]와 《오스트레일리아 지오그래픽》 잡지를 훑어보다가 문장과 생명체와 마주친다. 하지만 기억의 궁전 $^{mind\ palace}$[++] 안에서는 상황이 조금 혼란스러워지고 있다. 궁전이 곧 터져나갈 것 같다. 일반적인 에세이 작가가 일반적인 에세이를 쓰면서 방향을 잡는 방법이 글감으로 되돌아가기 같으므로, 여기에서는 뼈로 되돌아가서 실시간으로 동물 에세이를 써내려가 보겠다. 연골은? 연골도 일종의 건축용 블록이다. 이 글은 아직 끝나지 않았다.

[+] 영어 문법 교정 사이트.
[++] 기억하려는 대상을 머릿속 가상의 장소와 결합하는 기억술, 또는 그런 장소.

명사^{名詞}로 시작하면 딱 좋겠다. 모두가 명사이므로 모두가 명사를 안다. 명사가 없다면, 전부 공기 속 정기^{ether}보다 작고, 생각보다 작고, 이미 지나가고 없는 무^{無}일 테다—아이러니하게도 정기와 생각과 무, 모두 명사다. 명사는 추상적일 수도 있고 소리일 수도 있지만, 소리 같을 수는 없다—그런 건 형용사일 테다. 요즘에는 무리 짓는 동물 명사가 인기 있는 것 같다. 다들 올빼미 의회에, 룸바를 추는 방울뱀 사이에, 무자비한 레이븐 떼 속에, 살인을 저지르는 까마귀 무리에 끼어서 즐겁게 지내고 싶어 한다.⁺⁺⁺ 하지만 고독해도 우아하고 유연한 동물 명사를 무시하고 넘어가서는 안 된다. *오실롯*^{ocelot}. *카라칼*^{caracal}. 그냥 고양잇과 동물 이름을 읊는 것처럼 보일지도 모르겠다. *마게이*^{margay}. *서발*^{serval}. 그렇지 않다. 고독한 명사가 지닌 힘을 보여주려고 할 뿐이다. 나무 높이 걸터앉은 명사, 사바나의 덤불 속에 웅크리고서 근육을 팽팽하게 긴장시킨 채 다른 명사, 이왕이면 쥐 명사나 휘파람새 명사를 노리는 명사의 힘. *퓨마!* 이 명사는 감탄사이기도 하다—명사 목록에서 체크 표시를 남겨두자. *재규어*

+++ 의회를 일컫는 영어 낱말 'parliament'는 올빼미 무리를, 룸바춤을 뜻하는 단어 'rhumba'는 방울뱀 무리를, 무정하다는 뜻인 'unkindness'는 레이븐 떼를, 살인을 의미하는 'murder'는 까마귀 떼를 가리키는 데에도 쓰인다.

런디!jaguarundi 이 단어는 감탄의 의미가 약하고, 고양잇과 명사 같은 느낌도 덜하다. 그렇더라도 누가 뒤에서 이렇게 소리친다면 돌아보고 싶을 것이다. 재규어런디는 꼭꼭 숨어서 살고, 말도 안 되게 예쁘니까.

언젠가 당신은 도치lumpsucker 같은 명사를 말하는 데 싫증을 느낄 테다. 잘 달라붙는 도치는 너무나 사랑스러우므로 싫증이 날 이유가 있는지 모르겠지만. 어쨌든 명사가 지겹다면 그 대신 쓰일 수 있는 대명사로 넘어가자. 점심 모임에 나갔는데 세상에 존재하는 기생말벌parasitoid wasp의 이름을 빠짐없이 늘어놓고 싶다고 생각해보자. 기생말벌 종은 딱정벌레보다 더 많으므로 50만이 넘는 종을 하나씩 읊으려면 낮이 다 지나가도 시간이 모자랄 것이다. 이때 간단히 '그들they'이라고 말한다면 주말과 수면 시간을 지킬 수 있다. '그들'은 갖가지 축약어, 복수, 단수 어디에든 적용할 수 있다. 단수에도 쓸 수 있다는 사실은 《메리엄웹스터》 사전 측에서 확인해주었다.✢ 친절하게도 그들은 '그들'을 2019년 올해의 단어로 선정했다. 아마 이 낱말이 무엇이든 너그럽게 받

✢ 메리엄웹스터 사전은 'they'에 남성도 여성도 아닌 제3의 성을 의미하는 단수 대명사라는 의미를 추가했다.

아들이기 때문이 아닐까. 진딧물과 풀잠자리Lacewing 목order 전체부터 최근에 발견된 나비 단 한 마리까지, 그들이 요청한다면 무엇이든 자유롭게 그들로 지칭해도 좋다. 모두의 시간을 절약할 수 있을뿐더러, 올바르고 예의 바르기까지 한 것 같다.

물론, 동사와 함께하지 않는 명사와 대명사는 기껏해야 잠재력이 있을 뿐이고, 최악의 경우 박제되어 먼지를 뒤집어쓴 채 유리 상자 안에 영영 갇히게 된다. 문장에서 동사가 빠지면 문장은 정체성을 빼앗긴다. 마찬가지로 동물도 습성을 빼앗기면 삶의 의미를 빼앗긴다. 폴짝폴짝 뛰어다니지 않는 새끼 염소가 과연 새끼 염소일까? 암컷에게 구애하지 않는 산쑥들꿩greater sage-grouse 수컷이 과연 산쑥들꿩 수컷일까? 가만히 있는 벌새는 벌처럼 붕붕 날갯짓한다는 이름값도 못하는 깃털 뭉치에 지나지 않는다. 수많은 상어는 헤엄치지 않으면 숨을 쉴 수 없어서 죽기도 한다. 엄밀하게 따진다면 이 역시 상어의 행동이지만, 일시적인 데다 비극적이기까지 하다. 물론, 유령멍게sea vase와 유리해면Venus's flower basket처럼 정적인 단어를 기꺼이 받아들인 존재도 있다. 둘 다 우연의 물결에 따라 수동적으로 존재하게 되는 데 불만이 없는 듯하다. 진짜 위stomach가 없어서 꿀꺽 삼키고 감당할 수 있는 것이 바깥의 거친 물결밖에 없기 때문이겠지. 마찬가지로 날씬버들조름slender sea pen도 한군데에 붙박여 기다리다가 다가오는 먹이를 먹고 살기 때문에 수동태로 묘사되는 데 이의가 없다. 어떤 문장에서든 관심의 중심에서 벗어나서 물결을 따라 떠돌며 그저 살아 있는 상태를 유지하는 데 만족한다.

    하지만 어떤 동물은 행동을 성격과 짝지으면서 동사를 즐겨 입는다. 수탉은 힘차게 꼬끼오 울고crow, 늑대는 몰려다니며 사냥하고hound, 토끼는 겁먹고quail 움찔한다. 족제빗과 동물 일부는 동사로 둔갑해서 짓궂게 굴곤 한다. 페럿은 여기저기 마구 뒤지고, 족제비는 교활하게 속임수를 쓰고, 오소리는 끈덕지게 조른다.✢ 스컹크한테 형편없이 당해서 악취를 폴폴 풍기는 일도 벌어진다.✢✢ 말로 들으면 재미있겠지만, 실제로 겪으면 재미없다. 스컹크 냄새를 없애려면 토마토주스를 욕조 하나 가득 채울 만큼 잔뜩 써야 하는데(통념과 달리 이 방법은 효과가 없고, 과산화수소수를 쓰는 게 낫다), 스컹크는 열흘만 지나면 악취를 뿜는 능력을 회복해서 쓰레기 냄새를 풍기는 매력을 발산할 수 있다. 아직 수달otter은 수달otter할 수 없고, 담비marten는 담비marten할 수 없

    ✢ 각 동물을 가리키는 단어 'ferret'과 'weasel', 'badger'가 동사로 쓰였을 때의 의미다.
    ✢✢ 스컹크를 가리키는 단어 'skunk'는 '한 점도 안 주고 이기다'나 '속이다' 같은 동사로도 쓰인다.

다(할 수 있을지도 모르지만, 세상을 뜨고 없는 《담비 마틴Marten Martin》의 저자 브라이언 도일만 알 것이다).✦✦✦ 하지만 곧 수달이 수달할 수 있고, 담비가 담비할 수 있을 것 같다. 이 새로운 동사는 떼굴떼굴 구르거나 콩콩 발을 굴리며 뛰다가 어두운 물속으로 스르르 미끄러져 들어가는 동작을 가리키지 않을까. 그런데 명사와 동사 두 역할을 동시에 맡지 않겠다고 사양한 족제빗과 동물도 있다. 놀랍게도 피셔fisher는 피셔하지 않겠다고 거절하더니, 가시복porcupine fish 대신 호저porcupine를 먹기로 정했다.✦✦✦✦ 울버린wolverine도 고집이 무척 세서 울버린하지 않겠다고 단호하게 거부했다(울버린은 완고할stout 뿐, 북방족제비stoat가 아니다. 참, 북방족제비는 족제비를 닮았지만, 족제비와 다른 동물이다). 족제빗과 집안에서 몸집이 가장 큰 울버린은 이미 씨름해야 할 별칭이 있어서 이런 제안을 물리쳤을 것이다. 라틴어 학명이 굴로 굴로gulo gulo(먹보 먹보)인 울버린은 자기가 탐욕이라는 7대 죄악과 문제 있는 성격과 연관됐다는 사실에 여전히 울컥 화를 낸다.

✦✦✦ 페럿과 족제비, 오소리, 스컹크 같은 족제빗과 동물을 가리키는 영어 단어는 명사뿐만 아니라 동사로도 쓰이지만, 수달otter과 담비marten는 동사로 쓰이지 않는다는 사실을 지적한 말이다.
✦✦✦✦ 'fisher'에는 어부라는 뜻도 있다.

형용사 차례다. 작가 마크 트웨인과 스티븐 킹은 형용사에 인색해야 한다고 강조했다. 명사가 영양가 있는 음식이고 동사가 규칙적인 운동이라면, 형용사는 균형 잡힌 식사에 맛을 살짝 보태는 양념이다(트웨인과 킹이 이런 식으로 비유하지는 않았겠지만, 지금 나는 저녁 식사 전에 이 글을 쓰면서 자료 속 숨은 의미를 파악하고 있다). 그래도 가끔은 설탕에 졸인 피칸, 캐러멜을 입힌 피칸, 시나몬 가루와 카옌페퍼 가루를 뿌린 피칸이 당길 때가 있는 법이다. 두운법을 사용해서 다채로운 동물 무리를 형용사로 바꾸려고 고심하는 중이라면 특히나 군침이 돈다. 동물의 라틴어 이름 마지막에 접미사 'ine'을 붙이면 형용사로 만들 수 있다―이것저것 섞은 견과류를 입에 잔뜩 밀어 넣고 나니까 이 비결이 떠올랐다. 늑대 같은^{lupine}. 양 같은^{ovine}. 나귀 같은^{asinine}. 이 셋 모두 평소 자주 쓰기에 딱 알맞은 형용사다. 혈당이 롤러코스터를 타고 치솟다가 곤두박질치는 동안 탐욕스러워졌다가 소심해졌다가 머리가 돌처럼 굳은 듯 멍청해지지 않는 사람이 과연 있을까?✦ 하지만 더 참신한 동물 수식어를 써서 문장의 의미를 한층 더

✦ 영어에서 늑대 같다는 말은 탐욕스럽거나 잔인하다는 뜻, 양 같다는 말은 겁이 많다는 뜻, 나귀 같다는 말은 고집스럽거나 우둔하다는 뜻으로 쓰인다.

강하게 표현해보자. 누에 같은bombycine, 해마 같은hippocampine, 호저 같은hystricine. 다들 잘 알다시피, 에세이 주제로 끓인 스튜에서 누에나 해마나 구대륙호저(갈기가 달린 녀석이든 망토를 두른 녀석이든 요리사가 알아서 고를 것이다)는 빼놓으면 안 될 조미료가 될지도 모른다.

바로 이 시점에서 헤밍웨이 앱++과 헤밍웨이 유령이 분연히 떨치고 일어나서 꾸짖으리라. 형용사에 취한 황홀감이 얼마나 위험한지 경고하고, 부사 복용량도 줄이라고 권고할 것이다. 하지만 당신에게는 얼마든지 동사의 힘을 빼고 수식어로 문장을 한껏 화려하게 꾸밀 권리가 있다. 그 글이 생각을 진실하고 정직하게 반영한다면, 마구잡이로 휘갈기거나 소심한 마음으로 끄적이지 않았다면 다 괜찮다. 부사는 너무나 오랜 세월 동안 당국에 쫓겨서 구석으로 밀려나고 문장에 함부로 들어가지 못했으니, 내 말을 반길 테다. 이게 다 누군가가 어딘가에서 부사를 태만하게, 경솔하게 사용했기 때문이다. 그러니 당신도 나가서 당신만의 목소리를 찾길 바란다. 개처럼 끈덕지게doggedly, 박쥐처럼 정신 놓고battily, 부엉이처럼 지적으로owlishly 행동하길 바란다. 하지만 잉어처럼 까탈스럽게carpingly 굴지는 말자. 하도

++ 맞춤법을 검사하고 글을 첨삭하는 앱.

트집 잡기를 좋아해서 울버린이 식사 예절을 못 배웠다고 창피를 주는 잉어^{carp}처럼 옹졸하고 까다롭고 툭하면 흠잡는다고 알려지기를 바라는 이는 아무도 없다.✦

명사부터 대명사, 동사, 형용사, 부사까지 5대 품사를 거쳤으니, 이제 가벼운 재충전이 필요하다. 물론, '전치사로 단어를 연결하고 구문 맥락에서 단어를 보조하는 법' 설명문을 읽을 수도 있겠지만, 개념을 확실하게 익히려면 예문으로 배워야 한다. 별숨이고기^{star pearlfish}는 해삼의 항문 안으로^{inside} 숨어든다. 혀먹는등각류^{tongue-eating louse}는 점박이장미돔^{spotted rose snapper}의 입 속에ⁱⁿ 들어가서 혀를 없애버리고 그 자리를 차지한다. 말파리^{botfly}는 숙주가 된 인간의 피부 *아래에서*^{from under} 8주를 지내다가 나온다. 사건이 어떤 방향으로, 어떤 순서로 진행되는지 파악할 때, 이를테면 누가 숙주이고 누가 기생충인지 확인할 때 전치사가 도움이 된다. 이때 숙주와 기생충 양측의 역할이 분명해야 헷갈리지 않는다. 아메리카울새^{American robin}가 뻐꾸기 둥지에 알을 몰

✦ 개와 박쥐, 부엉이, 잉어를 가리키는 명사를 변형한 형용사 'dogged'는 완강하다는 뜻, 'batty'는 미쳤다는 뜻, 'owlish'는 지적이거나 진지해 보인다는 뜻, 'carping'은 잔소리가 심하다는 뜻이다.

래 낳는 일이나 당신이 민촌충beef tapeworm의 장에 달라붙는 일은 말도 안 된다. 게다가 민촌충은 납작한 리본 모양이고, 당신에게는 어디 달라붙을 머리마디scolex가 아마 없을 것이다. (이 이미지는 전치사를 매달아서 문장과 상황을 강조하는 데 유용하므로, 전치사 개념을 훨씬 더 쉽게 이해할 수 있다.)

다음은 접속사다. 접속사는 단어와 구, 문장을 이어 붙여서 의미를 만드는 접착제 기호이자 모르타르++ 단어다. 둘 중에서 이것'이거나' 저것'이거나' 하는 방식으로만 생각하는 사람들이 있다. 이런 식으로 보면 세상이 더 단순해져서 덜 무서울지도 모르겠다. 물고기는 다른 물고기에 달라붙을 수 있거나 그렇지 않거나 한다. 새는 오븐에 구울 수 있거나 그렇지 않거나 한다. 하지만 접속사를 이처럼 단조롭게 쓰면, '그리고'와 '왜냐하면', '…는 무엇이든지'로 가득한 행성에 어울리지 않는 구두점 세계관에 빠질 것이다. 왜냐하면 남극 크릴새우, 따라서 아델리펭귄Adélie penguin 그리고 게잡이바다표범crabeater seal 그리고 남방풀머갈매기southern fulmar 그리고 참고래fin whale(문법은 미심쩍지만, 다채

++ 석회나 시멘트에 모래를 섞어서 물로 갠 것, 벽돌 따위를 쌓는 데 접착제로 쓰인다.

로운/풍요로운 문장이다). 바다는 착착 포개어서 저장할 수 있는 대구뿐만 아니라 샛멸Pacific argentine 그리고 은줄멸silverside, 뱀베도라치snake blenny 그리고 악상어porbeagle, 민태grenadier 그리고 북아메리카청어alewife(담수에서도 지내야 해서 줄곧 바다에 머무르지는 않는다), 꽁치saury 그리고 윗통가시횟대sculpin 기타 등등 기타 등등을 어쩔 도리 없이 모든 물고기의 생명이 달린 물기둥 위아래에 품고 있다. 이러면 문장을 구성하기는 곤란하지만, 세상을 건설하기는 즐겁다. 집을 바깥세상과 연결해서 생명력 넘치는 공간으로 만들고 싶다면 특히 재미있을 것이다.

나는 그런 집을 만들고 싶다. 글을 쓰면 쓸수록 동물 에세이의 메커니즘에는 별로 흥미가 안 생기고, 갈수록 세력을 불리는 이 동물원을 관리하는 법에 관심이 간다는 사실을 깨닫는다. 물론, 동물원을 관리하려면 온실을 관리할 줄 알아야 한다. 만약 내가 둘 다 관리해야 한다면, 둘 중 무엇 하나 빼놓지 않고 받아들이는 편이 낫겠다. 이렇게 에세이 쓰기 모험이 끝나니까 걱정스럽다. 이제는 식물의 문법을 고민하느라 골머리를 썩이고, 물과 이야기도 좀 나누러 가야겠다. 어쩌면 바람을 만나서 발성 훈련도 받고, 광물도 한두 차례 연구할 가능성도 있다. 이렇게 말해도 좋을지 모르겠으나 동물 언어든 식물 언어든 저마다 규칙과 문법이 엄청나게 다를 테니 시간이 무진장 오래 걸릴 것이다. 바로 이 탓에 지구가 정신을 차리고 믿을 만하게 변하는 데 그토록 기나긴 세월이 걸린 것 아닐까. 당신이 동물 에세이 쓰기에 유용할 통찰력을 기대하며 아직 이 글을 붙잡고 있다면, 조금 실망스러울 테다. 미안하다. 이 글 대신에 앞서 언급한 브라이언 도일의 작품을 꼼꼼히 살펴보면 어떨까. 도일은 "역대 가장 훌륭한 자연 에세이"[+]를 썼고, 문법이 맞는지 의심스러운 문장을 기나길게 이어서 쓰기를 좋아했다. 혹시 당신도 마음속에 당신만의 사파리ㅡ스와힐리어[++]로 '여행'이라는 뜻이다ㅡ를 만들고 싶다면, 이 작업을 시작한 이후로 내가 여기저기서 발견해 모은 내용을 얼마든지 활용해도 좋다. 말을 가지고 놀고, 온 지구를 가지고 놀고, 두 놀이를 뒤섞어 보라. 관점도 바꾸고 감각도 바꿔보라. 땅거미가 질 무렵이나 가을 햇살이 퍼질 때 밖으로 나가서 강둑에 잠시 머물러보라. 기러기 떼가 되는 대로 V자 그리며 하늘 높이 날아가는 모습을 지켜보라. 물가를 굽어보는 참나무에서 도토리가 떨어지는 소리를 들어보라. 도토리 소

[+] 도일이 잡지 《오리온Orion》 2008년 11월/12월 호에 기고한 글 <역대 가장 훌륭한 자연 에세이The Greatest Nature Essay Ever>를 가리킨다.

[++] 탄자니아와 케냐 등 아프리카 동남부를 중심으로 한 지역에서 공통어로 쓰는 언어.

리는 피라미가 수면 위로 뛰어올랐다가 들어갈 때 나는 퐁당 소리와 무엇이 다른지 귀 기울여보라. 절대로 완전히 잠잠해지지 않는 잔물결을 응시해보라. 황혼을 묘사하는 형용사는 어스름한이다. 고운 모래가 약손가락과 가운뎃손가락 사이로 미끄러지는 느낌에 관한 단어나 두꺼운 책이 있을지도 모른다. 기억을 돕는 요령은 무엇이든 아는 대로 써보라. 오래 머물라. 이 순간과 존재했던 전부를 떠올려보라. 목격하라. 필요할 때마다, 가능할 때마다 기억을 되살려보라. 목을 길게 빼고 살펴보라.

앞서 언급했고 대부분 생명체인 대상에 관한 간단한 생각
(알파벳 순서)

땅돼지 Aardvark	전화번호부라는 게 아직 있던 시절, 전화번호부에 오른 'AAA'로 시작하는 사업체처럼 목록에서 항상 첫 번째다.
땅돼지오이 Aardvark cucumber	유일하게 땅돼지에게 채소를 먹으라고 설득해서 성공한 식물.
땅늑대 Aardwolf	족보에서 하이에나와 멀리 떨어져 있다. 친척 모임과 동창회에서 만나도 서로 서먹서먹하다.
아델리펭귄 Adélie penguin	코끼리보다 작다. 턱시도 재킷과 눈 둘레의 하얀 고리로 '졸업 댄스파티에 가는 게 두려운' 차림을 완성했다.
아프리카코끼리 African elephant	펭귄보다 크다. 펭귄보다 작다면 정말 좋을 텐데!
아프리카황금고양이 African golden cat	털 색깔과 무늬에서 황금만큼은 눈을 씻고 찾아봐도 없다. 잘 모르는 고양이를 *야옹이*라고 부르는 셈이다.
아프리카두더지쥐 African mole rat	털이 아예 없는 종 말고도 아주 많다. 일부는 눈이 멀었고, 일부는 머리를 세차게 흔들어서 인사를 나눈다.
아프리카퍼프애더 African puff adder	위키피디아에 이렇게 나온다. "가두어서 길러도 잘 지내지만, 폭식하는 사례가 보고되었다." 이 뱀에게 공감이 간다.

알다브라코끼리거북 Aldabra giant tortoise	껍데기에 딱 붙어 있어서 껍데기보다 크게 자랄 수 없다. 생애 최초 주택이라는 개념을 이해하지 못한다.
북아메리카청어들 Alewives	엄밀히 따지자면 단수형인 'alewife'라고 해야겠지만, 이 물고기는 떼 지어 살기 좋아하는 듯하다.
악어거북 Alligator snapping turtle	거북의 주둥이에 손가락이나 빗자루 손잡이, 파인애플을 갖다 대면 큰일 난다.
알프스칼새 Alpine swift	어떤 칼새든 높이 솟아오르면 알프스칼새가 될 수 있다.
암브로시아딱정벌레 Ambrosia beetle	사실은 바구미지만, 바구미는 다 딱정벌레이므로 이름을 정확하게 지었다고 볼 수 있다. 이 곤충이 즐겨 먹는 먹이(균류)에서 이름을 따왔으며, 이 곤충의 맛(신이 먹는 음식)✦과는 전혀 상관이 없다.
암불로케투스 Ambulocetus	길쭉한 주둥이와 이빨과 털. 수달만큼 귀엽지는 않다.
미국악어 American alligator	길쭉한 주둥이와 이빨과 인갑. 크로커다일만큼 귀엽다.

✦ 그리스 신화에서 암브로시아는 신이 먹는다는 음식으로 꿀보다 달고 향기가 좋다.

아메리카오소리
American badger

팥죽팥죽팥죽 머슈룸! 아 스낵! 팥죽팥죽팥죽… 2000년대 초반 인터넷 밈을 줄줄이 꿰고 있는 사람이라면 뭔지 알 테다.✦

아메리카치타
American Cheetah

북아메리카의 퓨마에게는 더 빠르고 더 늘씬한 친구가 있었다. 이제는 퓨마 혼자뿐이다. 자, 여기서 에릭 카멘의 히트곡 <오직 나 홀로 All by myself>가 흘러나온다.

아메리카들소
American bison

등이 혹처럼 불룩 솟았다. 지방으로 꽉 찬 낙타 혹과는 달리 그 아래가 전부 근육이다. 그렇다고 들었다.

아메리카울새
American robin

주황색 가슴털. 파란색 알. 색채 이론에 조예가 깊은 게 틀림없다.

아메리카땃쥐두더지
American shrew mole

털 때문에 이름에 땃쥐가 들어간다. 이빨 때문에 이름에 두더지가 들어간다. 사실은 포켓고퍼 pocket gopher와 닮았다.

암모나이트
Ammonite

중세 잉글랜드에서는 '뱀돌'이라고 불렸다. 이제는 케이트 윈즐릿이 주연을 맡은 로맨스 영화의 제목이 되었다. 명성을 떨치다 보면 어느덧 기이한 곳

✦ 오소리를 가리키는 단어 'badger'가 빠르게 반복되며 '팥죽'으로 들려서 한국에서는 팥죽송이라는 이름이 붙었다.

에 가닿는다.

앤드류부리고래
Andrews' beaked whale

심해에서 오징어를 후루룩 삼키는 고래. 우리가 아는 내용은 이뿐이다.

안드리야셰프가시여드름도치
Andriashev's spicular-spiny pimpled lumpsucker

이름처럼 둥근 몸이 우둘투둘하다. 배에 둥그런 빨판이 붙어 있다. 바위를 장식하기에 좋다.

애나벌새
Anna's hummingbird

이름이 애나인 사람은 애나벌새를 한 마리 얻으면 될 듯이 기뻐하겠지. 아아, 안타깝게도 벌새는 당분과 방랑벽으로 가득가득 차 있어서 새장에 가둘 수 없다.

아노말로카리스
Anomalocaris

처음에는 해파리로, 그다음에는 고대 해삼의 친척으로 분류되었다. 이제는 '이상한 새우'라는 뜻의 이름이 붙었다. 고생물학계는 최선을 다했다.

크릴새우
Antarctic krill

400조 마리쯤 있다. 이 세상 모든 애나가 한 마리씩 입양해서 마음을 나누더라도 남는다.

남방알바트로스
Antipodean albatross

지구 반대편에도 이런 새가 있을 것 같다. 어쩌면 프랑스가 주요 활동 무대 아닐까.

진딧물
Aphid

수액을 빨아먹는 곤충. 식물을 무는 모기와 같지만, 식물은 물린 데를 긁

	을 수 없으니 더 끔찍하다.
아라파이마 Arapaima	큰 물고기치고 겁이 많다. 90킬로그램이 넘으니까 부딪히지 않도록 조심해야 한다.
아르누부리고래 Arnoux's beaked whale	바닷속 깊이 머무는 편을 좋아하지만, 숨을 쉬러 어쩔 수 없이 수면으로 올라와야 한다. 성향은 산에 묻혀 사는 은자와 비슷하지만, 거처의 고도를 따지면 정반대다.
첨치가자미 Arrowtooth flounder	화살^{arrow}과 이빨^{tooth}, 허우적거리다^{flounder}라는 낱말이 한데 으깨져서 물고기를 만들었다. 낱말이 으깨져서 뭉친 탓에 생선 살이 흐물거리는 것이 아니다. 기생충 때문이다.
고사리아스파라거스 Asparagus fern	고사리아스파라거스를 먹더라도 오줌 냄새가 이상해지지는 않지만, 그래도 먹지 않는 편이 낫다.✢
대서양대구 Atlantic cod	은대구$^{black\ cod}$나 뉴질랜드청대구$^{blue\ cod}$, 바위대구$^{rock\ cod}$, 범노래미$^{ling\ cod}$와 아무 관련이 없다.✢✢ 대구 가족은 별로 끈끈하지 않다.

✢ 아스파라거스는 먹으면 소변에서 유황 냄새가 날 수 있다.
✢✢ 실제로 전부 다른 속에 속한다.

대서양연어 Atlantic salmon	산란 후 바다로 돌아갈 수 있다. 죽음이 아니라 김빠지는 결말을 맞기 때문에 태평양의 사촌에게 밀려 자연 다큐멘터리에서 주연을 맡지 못한다.
오스트레일리아주머니두더지 Australian marsupial mole	푸석푸석한 모래보다는 가볍게 굳은 모래 사이로 굴을 파는 것을 선호한다. 푸석푸석한 모래는 거칠고 굵은 데다 아무 데나 들어온다.
케팔로투스 Australian pitcher plant	올버니벌레잡이통풀Albany pitcher plant이라고도 한다. 자생하는 오스트레일리아 남서부의 자라Jarrah 숲과는 은하계만큼 멀어 보이는 이름이다. 하지만 움직일 수 없다면, 거리는 별로 의미가 없다.
오스트레일리아나무고사리 Australian tree fern	오스트레일리아주머니두더지는 두더지로 불리지만 실제로 두더지가 아니고, 케팔로투스는 다른 벌레잡이통풀보다 사과나무와 더 가깝고, 이 고사리는 키가 15미터 넘게 자랄 수 있다. 셋 다 오스트레일리아의 이미지에 완벽하게 들어맞는다.
아홀로틀 Axolotl	그렇다, 정말 귀엽다. 그런데 슬플 때 얼굴을 찌푸릴 수 있을까? 아예 찌푸릴 줄 모른다면, 미소의 의미가 조금 바래지 않을까?

아이아이원숭이
Aye-aye

나무 몸통을 톡톡 두드려서 벌레를 찾아 먹는다. 털을 휘감은 딱따구리라고 생각하면 된다. 다만 부리 대신에 해골처럼 앙상하고 긴 손가락이 달렸다.

줄무늬물총고기
Banded archerfish

사람 얼굴을 알아볼 수 있다. 그러면 좋아하거나 싫어하는 사람에게 물총을 쏠까?

바오바브나무
Baobab tree

'생명의 나무'로 불리는 데에는 그만한 이유가 있다. 수많은 존재에게 온 세상이나 다름없는 나무다.

수염드래곤피시
Barbeled dragonfish

평범한 용은 불을 뿜지만, 드래곤피시는 빛을 뿜는다. 그래도 커다란 송곳니는 둘 다 있다.

인도기러기
Bar-headed goose

앞길을 가로막는 장애물이 히말라야 산맥이라도 정면으로 부딪치는 편을 선호하는 듯하다.

바실로사우루스
Basilosaurus

메갈로돈*Megalodon*이 아직 살아 있을까 봐 걱정하는 사람은 바실로사우루스도 아직 살아 있을까 봐 걱정해야 한다. 이제는 다 죽었으니까 걱정할 필요 없다.

돌묵상어
Basking shark

게으르고 무기력하다고 묘사된다. 하지만 입을 쩍 벌린 채 4톤이나 되는 몸으로 헤엄치려고 해보라. 무지 힘들다.

비버 Beaver	능력이 뛰어나고 부지런해 보인다. 헤엄칠 때 입을 다무는 법을 오래전에 깨우쳤다.
민촌충 Beef tapeworm	해외로 나가서 세상을 둘러본다. 아늑한 숙주의 몸속에 정착해서 자손을 100만씩 기른다. 이런 삶의 철학을 나무랄 수는 없다.
흰고래 Beluga	수다스럽기로 따지자면 어느 고래에도 크게 뒤지지 않는다. 우리에게는 귀여운 재잘거림이자 휘파람이고, 빙어와 청어 떼에게는 운명을 알리는 부름이다.
베르탐야자 Bertam palm	발효되어 알코올 함량이 무려 4%에 이르는 알딸딸한 꿀을 자랑한다.
부탄제비나비 Bhutan glory	영어 이름을 그대로 해석하면 '부탄의 영광'이라는 뜻인데, 이런 이름에 부끄럽지 않게 살려면 대체 어찌해야 할까! 삶의 첫 여섯 달을 보내는 애벌레는 이름이 부담스럽지 않나 보다.
큰뿔야생양 Bighorn sheep	크기-특징-종류. 이런 조합은 믿을 만한 이름짓기 전략이지만, 이 경우는 약간 밋밋하고 뻔하게 느껴진다.
자작나무좀 Birch borer	영어 명칭을 정확하게 쓰자면 'bronze birch borer'이지만, 'b'를 세 번이나 연

달아서 쓰자니 좀 과하다.

검은늪거북
Black marsh turtle
햇볕을 쬐지 않는다. 거북이치고는 약간 특이하다. 게다가 늘 웃고 있다. 아주 수상쩍다.

블랙스왈로어
Black swallower
배를 한껏 늘릴 수 있는 탓에 무한 리필 식당에 출입을 금지당했다.

검은대머리수리
Black vulture
온통 새까만 깃털이 대머리와 잘 어울린다. 여기에 날개를 펼친 자세와 툴툴대고 쉭쉭 거리는 소리로 펑크punk 미학을 완성했다.

검은꼬리프레리도그
Black-tailed prairie dog
검은발족제비black-footed ferret가 가장 좋아하는 먹이. 검은발족제비가 유일하게 먹는 먹이. 식단에 너무 까탈스럽게 굴면 좀 위험하다.

통발
Bladderwort
이 놀라운 식물 집단은 브랜딩 작업이 필요하다.

티베트푸른양
Blue sheep
정말로 푸른색일까? 특정한 빛을 받았을 때 눈을 가늘게 뜨고 본다면 아마도.

대왕고래
Blue whale
그래, 맞다. 몸집이 엄청나게 크다. 하지만 이 고래는 몸집 말고 다른 특징으로 기억해야 마땅할 테다. 영어 이름대로 특정한 빛을 받으면 푸르스름하

	다고? 그냥 바닷물 때문일 수도 있다.
참다랑어 Bluefin tuna	고양이한테나 주는 생선이라는 인식이 다시 돌아오기를 바라지 않을까.
뼈먹는콧물꽃벌레 Bone-eating snot-flower worm	이 이름을 지은 사람은 유머 감각이 뛰어날 것이다. 큰뿔야생양이라는 이름을 지은 사람과 정반대겠지.
보노의조슈아트리문짝거미 Bono's Joshua Tree trapdoor spider	굴에서 달음박질쳐 나와 먹잇감에 독을 주입한다. 이름을 지은 곤충학자 제이슨 본드Jason Bond가 U2를 좋아했는지 싫어했는지는 분명하지 않다.
나무독뱀 Boomslang	커다란 에메랄드색 눈을 자랑하는 새끼 뱀은 가장 귀여운 독사로 뽑힐지도 모른다. 어쨌거나 이 뱀한테 물리면 안 된다.
북방합창개구리 Boreal chorus frog	소리는 들리는데 대체 어디에 있는지 모르겠다고? 어디에나 있으면서 어디에도 없는 것 같은 자그마한 개구리를 만나면 누구나 이런 일을 겪는다.
보르네오녹나무 Borneo camphor tree	우듬지는 수줍음을 타지만, 뿌리는 그렇지 않을지도…. 하지만 지하에서 벌어진 일을 지상에 알릴 수는 없는 법!
보르네오납작머리개구리 Borneo flat-headed frog	탐날 만큼 납작하다. 존경스럽다.

보르네오술땅다람쥐 Borneo tufted ground squirrel	정말로 몸집보다 꼬리가 더 길다. 보르네오다람쥐꼬리라고 불러도 되겠다.
말파리 Botfly	비위가 약하다면 구글에서 '말파리 감염'을 검색하지 마라. 검색 결과를 보고 싶지 않을 테니까.
큰돌고래 Bottlenose dolphin	상어와 쥐돌고래를 별안간 공격할 수도 있다.
보툴리누스 식중독 Botulism	전 세계 통조림 제조업자의 철천지원수. 18세기와 19세기 독일에서 최악의 부어스트소시지 식중독 사태를 일으킨 장본인.
코거북복 Boxfish	식욕을 돋우는 생김새는 아니다. 코거북복이 먹고 싶어 죽겠다는 사람은 단 한 명도 없다.
브라키오사우루스/기라파티탄 *Brachiosaurus/Giraffatitan*	동물 왕국의 크레인. 동물 왕국의 진짜 크레인✦ 말고. 무슨 말인지 이해했으리라 믿는다.
되새 Brambling	동사가 새라면 너도밤나무에 앉은 되새와 같다. 어느 속담이 그렇게 말했다. 바로 이 속담이다.
브라질자유꼬리박쥐	빠르게 나는 비행기를 설계한다고?

✦ 'crane'은 거대한 건설 기계 '크레인'뿐만 아니라 두루미도 가리킨다.

Brazilian free-tailed bat	박쥐 형상을 본뜨는 게 어떨까? 그러겠다는 사람은 아무도 없었지만. 그래도 정말 박쥐를 본떠서 만드는 게 좋겠다.
다모충 Bristle worm	벌레 가운데 두 번째로 아름답다. 모욕하려는 말은 아닌데, 다모충은 모욕이라고 느낄지도 모르겠다.
브리슬콘소나무 Bristlecone	언덕만큼이나 오래 살 수 있다. 나무라기보다는 언덕에 가까워 보이는데, 부패하는 대신 풍화되기 때문이다.
워일리 Brush-tailed bettong	아예 물을 마실 필요가 없다. 극단적인 금주가를 보는 것 같다.
호박벌 Bumblebee	예전에는 험블비^{humblebee}라고 불렸다. 변변찮은^{humble} 날개로 나는 모습을 본 사람이라면 예전 이름이 훨씬 잘 어울리고 이해하기 쉽다는 사실을 알아차릴 테다.
버터가자미 Butter sole	레몬과 케이퍼를 넣은 뵈르블랑소스를 끼얹은 채 당신 접시에 올라온 버터가자미는 최대 열한 살이나 먹었을지도 모른다.
C4 옥수수 C4 corn	우르르 떼로 뭉쳐서 생활할 때나 더운 여름을 날 때는 C3 대두보다 낫다.

캘리포니아강치 California sea lion	전 세계 바다를 떠도는 서퍼가 꿈꾸는 삶을 살아간다.
캘리포니아두점박이문어 California two-spot octopus	기본 설정은 점 두 개지만, 원한다면 더 추가할 수 있다.
로박 Cantonese lobak	흰 당근이나 무, 순무라고도 한다. 수프를 끓일 수도 있고, 볶아서 요리할 수도 있고, 떡을 만들 수도 있다. 이 채소 하나로 풀코스 정찬을 차릴 수 있다.
아프리카들소 Cape buffalo	이 소가 누구의 말도 들을 필요가 없다는 사실을 깨달으면 어떻게 될까? 소의 반란을 조심하라.
케이프코브라 Cape cobra	역시 그 누구의 무례한 언사도 참아주지 않는다. 뱀잡이수리 secretary bird만 제외하고.
케이프땅다람쥐 Cape ground squirrel	경보 체계가 있다. 심각하게 위험할 때 내는 소리는 '비-조', 이보다는 덜 위험할 때는 '비-주'. 당신이 작은 먹잇감이라면 다른 동물 대다수가 심각한 위험이거나 조금 덜한 위험이다.
카피바라 Capybara	공식적인 설치류 마스코트가 될 만한 자질을 모두 갖추었다. 어느 만화에 나오는 쥐는 그런 자질이 하나도 없다.
카라칼	귀 끝에 털이 삐죽 솟아 있다. 이런 특

Caracal	징이 있으면 어느 고양잇과 동물이든 더 멋져 보인다.
카리브암초문어 Caribbean reef octopus	몸의 색깔을 바꿀 수 있다. 먹물을 뿜을 수 있다. 다리가 모두 여덟 개다. 맞다, 문어다.
운반달팽이 Carrier snail	예술과 공예에 가장 관심이 많은 달팽이. 스크랩북을 근사하게 만들 것 같다.
화식조 Cassowary	헤드폰을 끼고 울음소리를 들어보라. 확실히 공룡이 맞다.
메기/웰스메기 Catfish/Wels catfish	솔직한 편이라서 신분 위조 범죄를 저지를 가능성이 작다.
동굴사자 Cave lion	빙하 시대 짐승에게는 털이 많을수록 더 나으리라고 생각할 테지만, 아아 안타깝게도 갈기가 없다.
동굴테트라 Cave tetra	측선⁺의 기능이 뛰어나다면 시력은 부차적이다. 곰곰이 생각해보면, 빛은 너무 변덕스러워서 믿을 수 없다.
앵무조개 Chambered nautilus	촉수가 짧다. 수영 실력이 형편없다. 느리게 자란다. 그런데도 어떻게든 대량 멸종을 여러 차례 버텨냈다.

✦ 어류와 양서류의 몸 양옆에 있는 줄로, 물살이나 수압을 느끼는 감각 기관.

피그미매머드 Channel Island mammoth	몸무게가 약 1톤이다. 미니 매머드도 몸집이 작을 뿐, 매머드다.
체크무늬팔랑나비 Checkered-skipper	1976년, 영국에서 자취를 감췄다. 2019년, EU에서 다시 들여왔다. 향후 복원 과정이 오래 걸리지 않기를 바란다.
침팬지 Chimpanzee	모두가 최초로 우주에 나간 유인원 햄^{Ham}에 관해 이야기한다. 첫 지구 궤도 비행에 성공한 침팬지 이노스^{Enos}는 아무도 이야기하지 않는다. 잘했어, 침팬지 친구. 정말 훌륭했어.
중국두더지땃쥐 Chinese mole shrew	베트남과 태국, 미얀마 태생일 수도 있다. 두더지와 땃쥐를 섞으면 헷갈리기만 할 뿐이다. '두땃쥐' 같은 새 단어가 필요하다.
구름표범 Clouded leopard	사냥하고 기어오르고 몸을 숨겨서 사라질 공간을 찾아 헤매는 예쁜 야옹이.
코스터브룩송어 Coaster brook trout	기존 서식지에서는 생존을 위협받는다. 새로 도입된 서식지에서는 침입종이 되었다. 가여운 송어는 그저 자기 삶을 살고 싶어 한다.
실러캔스 Coelacanth	분명히 짚고 넘어가자면, 각 실러캔스 개체가 4억 살이나 먹은 게 아니다. 다만 붙잡힌 표본의 나이는 대단하게도 84세이긴 했다.

작은개미핥기 Collared anteater	가끔 꿀에 벌도 곁들여서 즐긴다. 냄새 고약한 딱정벌레는 사절이에요.
목도리페커리 Collared peccary	돼지는 아니다. 생김새를 보면 목도리처럼 두르기 어려울 듯하다.
남극하트지느러미오징어 Colossal squid	전설 속 괴물 크라켄처럼 배를 부서뜨릴 만한 크기는 아니지만, 그래도 꽤 우람하다. 눈알 하나가 커다란 피자만 하다.
뻐꾸기 Common cuckoo	시계와 새 중에 무엇이 먼저일까? 물론 새다. 먼저 나와서 벌레를 잡아먹는 건 언제나 새다.
불가사리 Common sea star	하루에 홍합을 10개까지 먹을 수 있다. 우리는 불가사리보다 더 많이 먹을 수 있겠지만, 불가사리만큼 맛을 음미하지는 못할 것이다.
스쾃로브스터 Common squat lobster	스쾃 squat이라는 말이 이름에 들어가지만, 하체 근육을 키우는 일보다 집게발 크기를 키우는 데 더 집중한다.
흰점찌르레기 Common starling	그렇다. 우리 말을 흉내 낼 수 있다. 하지만 횡설수설 지껄이는 것처럼 들린다. 차라리 보금자리에서 다른 찌르레기와 수다 떠는 편이 낫겠다. 우리에게는 횡설수설 지껄이는 것처럼 들리겠지만.

유럽칼새 Common swift	영어 이름에는 '평범한^{common}'이라는 말이 들어간다. 하지만 해마다 스웨덴과 콩고 사이를 날아다니는 일은 평범하지 않다.
검목상어 Cookie-cutter shark	저 이빨에만 자꾸 신경이 쓰이겠지만, 다른 데에도 주목해보라. 배가 초록색으로 빛난다.
산호초 Coral reef	우리도 암초를 만들 수 있다. 대개 뼈와 쓰레기와 플라스틱으로 이루어진 암초지만. 관광객을 끌어당길 만큼 대단하지 않다.
가마우지 Cormorant	수영을 잘하면 비행을 못하는 사례: 반대급부에 관한 고전 연구.
뿔복 Cowfish	비교적 칙칙한 바다소$^{sea\ cow}$나 육지의 소와 달리, 선명한 물방울무늬나 벌집무늬를 띤다.
코요테 Coyote	영화에 출연한 동물 카메오 중에서 최고는? 마이클 만 감독의 영화 <콜래트럴>에서 밴드 오디오슬레이브^{Audioslave}의 노래 <태양에 드리워진 그림자$^{Shadow\ on\ the\ Sun}$>가 나오기 직전 장면을 보라.
게잡이바다표범 Crabeater seal	사실은 게를 먹지 않는다.

두루미 Crane	턱의 군살이 늘어진 종류, 함성을 지르는 종류, 새하얀 종류 등 여럿이다. 아, 기계 크레인이 아니라 새 얘기다.✦
크레타난쟁이매머드 Cretan dwarf mammoth	몸집이 셰틀랜드포니 Shetland pony 종만 하다. 매머드치고는 자그맣다.
까마귀 한 무리 Crow, a murder of	까마귀 무리를 가리키는 데 '살인 murder'이라는 말을 쓴 사람은 자기가 얼마나 재치 있는지 으스대려고 했던 15세기 백인 녀석들이었다. 그냥 평범한 단어를 써도 괜찮다.
붕어 Crucian carp	영어 이름을 발음하면 '그레시언 파이브 Grecian 5'와 비슷하다. 2000년대 초 이 염색약 광고의 배경 음악이 떠오른다. 색소폰 솔로 연주가 흐르는 몽롱한 음악이 이제 여러분의 머릿속에서 떠나지 않을 것이다.
쿠바악어 Cuban crocodile	다른 악어보다 뭍에서 더 편안하게 지낸다. 무리 지어 사냥할 수 있다. 커다랗고 비늘로 덮인 늑대라고 생각하면 되겠다.
갑오징어	갑오징어마다 몸 안에 독특한 오징어

✦ 각각 볼망태두루미 wattled crane, 아메리카흰두루미 whooping crane, 시베리아흰두루미 Siberian crane를 가리킨다.

Cuttlefish	뼈 깜짝 선물이 들어 있어요. 120종을 빠짐없이 모아보세요! 농담이니까, 그러지 말길.
민부리고래 Cuvier's beaked whale	퀴비에 컬렉션의 다른 동물: 퀴비에가젤$^{Cuvier's\ gazelle}$, 퀴비에비키르$^{Cuvier's\ bichir}$, 퀴비에상어$^{Cuvier's\ shark}$(사실 그냥 뱀상어$^{tiger\ shark}$다), 퀴비에큰부리새$^{Cuvier's\ toucan}$(단순한 아종이니까 컬렉션에 포함하면 안 될 것 같다).
소철 Cycad	소철을 가장 오랫동안 먹은 주인공은 공룡이다. 요즘에는 신경독 때문에 별로 인기가 없다.
실잠자리 Damselfly	곤경에 빠진 게 아니에요. 구해줄 필요도 없지만, 어쨌든 감사해요.✦
심해 녹점술아귀 Deep-sea coffinfish	에너지 절약을 위한 무기력 기술에 통달했다. 당신은 호흡을 포기할지 고심한 적이 있는가?
심해 유황순환 박테리아 Deep-sea sulfur-cycling bacteria	18억 년 동안 똑같은 공동체 안에서 살아가는 데 만족한다. 당신은 진화를 포기할지 고심한 적이 있는가?

✦ 'damsel'은 명문가 처녀를 가리키는 말이다. 정의로운 사나이가 구해야 하는 '곤경에 처한 아가씨'라는 뜻의 'damsel in distress'라는 표현으로 자주 쓰인다.

데엡스타리아 해파리 *Deepstaria* jellyfish	독창적인 비닐봉지. 커다랗게 부풀릴 수 있고 생분해도 가능하다. 게다가 등각류 isopod 동물 거주 프로그램도 지원하는 것 같다.
악마의철갑딱정벌레 Diabolical ironclad beetle	비행 능력이냐 불사신 능력이냐. 이 딱정벌레는 초능력을 선택할 때 가장 어려운 결정을 내렸다.
디아볼로테리움 *Diabolotherium*	성격이 아니라 발견된 동굴의 명칭, '카사델디아블로 Casa del Diablo'++를 따서 이름을 지었다. 나무늘보가 대체로 그렇듯, 역시 느긋한 성격 아니었을까.
다이앤의심장이보이는 유리개구리 Diane's bare-hearted glass frog	영화감독 짐 헨슨이 만든 가장 유명한 캐릭터와 놀랍도록 닮았다. 맞다, 세상에서 가장 사악한 악당, 개구리 콘스탄틴 Constantine 이다.
미꾸리 Dojo loach	백점병+++에 걸리기 쉽지만, 누군들 안 그럴까?
돌리바든곤들매기 Dolly Varden char	이 이름에 얽힌 이야기는 당신이 예상한 대로 민담이나 디킨스 소설 같다.
드로미코수쿠스 *Dromicosuchus*	그리스어로 '빠르게 걷는 악어, 죽마를 타고 걷는 악어'라는 뜻이다. 커다랗고

++ 스페인어로 악마의 집이라는 뜻.
+++ 열대어 지느러미나 피부에 희고 작은 혹이 생기는 병.

	비늘로 덮였지만 멸종한 늑대라고 생각하면 되겠다.
오리너구리 Duck-billed platypus	오리너구리의 존재는 슬롯머신에서 체리, 7, 바^{bar} 아이콘이 하나씩 뜬 것과 같다. 한번 도전해보자.
듀공 Dugong	듀공 한 마리가 코코스 제도 근처에서 발견된 적 있다. 번잡한 무리 생활에서 벗어나고 싶었나 보다.
쇠똥구리 Dung beetle	쇠똥구리와 잡담을 나눌 때는 쇠똥구리의 작업에 관한 주제를 꺼내지 않기가 어렵다. 쇠똥 얘기를 안 꺼내면 이상하게 느낄 것이다. 만나면 괜히 어색하다.
염색독화살개구리 Dyeing poison dart frog	독 생산업자보다는 독 조달업자에 가깝다. 특정한 개미와 노래기, 진드기를 먹어서 독을 조달한다. 이런 식단이 유행하면 어떨까?
동태평양붉은문어 East Pacific red octopus	몸 색깔을 마음대로 바꿀 수 있는 동물의 이름에다 색깔을 집어넣는 게 최선이었을까? 차라리 크기를 언급하는 게 더 낫겠다. 이 문어는 작다.
동부갈색뱀 Eastern brown snake	치켜 올라간 갈색 콧마루 때문에 늘 화난 표정이다. 사실, 성질이 급해서 늘 화나 있다.

동부회색다람쥐 Eastern gray squirrel	동부갈색뱀과 같은 대륙에 살지 않아서 다행이라고 생각할 테다.
가시두더지 Echidna	"일종의 나무늘보. 크기는 구이용 돼지만 하고 주둥이 길이는 5~7센티미터 정도다." 삽화가 조지 토빈George Tobin은 1792년에 가시두더지를 이렇게 설명하고는 구워서 먹었다.
전기뱀장어 Electric eel	껴안으면 안 된다.
전기가오리 Electric ray	위키피디아 설명 : "고대 로마의 의사 스크리보니우스 라르구스Scribonius Largus는 전기가오리로 두통과 통풍을 치료한다고 기록했다." 편두통을 앓는다고요? 가오리 두 마리를 관자놀이에 갖다 대고 아침에 저한테 전화하세요.
코끼리새 Elephant bird	코끼리새 알 1개는 달걀 160개와 같다. 이 비율에 맞춰서 케이크 레시피를 바꾸면 된다.
에뮤 Emu	역사와 군사 마니아들이여, 1932년의 에뮤 전쟁 자료는 반드시 읽어야 한다.
견장상어 Epaulette shark	물 밖에서도 살아남을 수 있어서 유일하게 휴대와 육로 수송이 가능한 상어다.

에우밀리페스 페르세포네 *Eumillipes persephone*	눈도 없고, 색소도 없다. 가느다랗지만 끝내주게 멋진 다리뿐이다.
에보플로케팔루스 *Euoplocephalus*	티라노사우루스의 정강이가 부러지는 단 하나의 가장 주된 이유가 아닐까.
유럽뱀장어 European eel	실장어, 새끼 뱀장어, 황뱀장어, 은뱀장어. 각 생애 단계에 붙은 이름이 서로 다르다. 각 생애 단계의 모습도 서로 다르다.
유럽무족도마뱀 European glass lizard	다리가 없지만 뱀은 아니다. 알을 낳을 수도 있고 새끼를 낳을 수도 있다. 어둡고 따뜻한 상자가 아니라면 들어가려고 하지 않는다.
유럽고슴도치 European hedgehog	작고 뾰족뾰족한 벌레 진공청소기. 로봇청소기를 지켜보는 것보다 훨씬 더 재미있다.
유럽철갑상어 European sturgeon	완벽한 식사 손님. 음식을 어떻게 내놓더라도 까탈스럽게 굴지 않으며, 차려진 음식은 무엇이든 깨끗하게 해치운다(접시까지 먹을지도 모른다).
모낭충 Eyelash mite	행복한 작은 진드기. 화가 밥 로스가 초상화를 그렸다면 모낭충까지 그렸을 것 같다.
쇠푸른펭귄	먹은 물고기의 은빛 비늘로 반짝이는

Fairy penguin	똥을 싼다. 자연은 정말이지 마법 같다.
퍼밀리어챗 Familiar chat	위키피디아에서 "꼬리 길이가 14~15센티미터(5.5~5.9인치)로 짧으며 땅딸막한 새"라고 설명한다. 편집자가 원한을 품었나 보다.
살찐꼬리난쟁이리머 Fat-tailed dwarf lemur	꼬리에 지방을 저장한다. 이런 대사를 한번 상상해보라. "아, 이건 추수감사절에 먹은 칠면조 요리에서 나온 거예요. 크리스마스에 햄을 먹을 때까지는 이걸로 버텨야죠."
사막여우 Fennec fox	커다란 귀. 자그마한 몸. 이것이야말로 귀여움을 자아내는 진실한 공식이다.
페럿 Ferret	작은 귀. 나긋나긋한 몸. 이 역시 사랑스러움으로 나아가는 공식이다.
참고래 Fin whale	오른쪽 아래턱이 흰색이다. 몸통을 따라 회색 반점과 갈매기 모양 무늬가 있다. 매끈하고 세련된 고래다.
불개미 Fire ant	울타리도마뱀^{fence lizard}은 오로지 불개미한테서 도망치기 위해 긴 다리와 독특하게 흔드는 몸짓을 진화시켰다.
피셔 Fisher	몸집이 담비보다는 크고 울버린보다는 작다. 당신이 바라는 족제빗과의 평균이다.

플로리다목수개미 Florida carpenter ant	어떤 목재로든 작업하지만, 축축하고 썩어가는 나무를 가장 좋아한다. 부업으로 진딧물도 기른다. 진정으로 다재다능한 개미다.
그물무늬금게 Flower moon crab	할로윈게 Halloween moon crab 와 혼동하면 안 된다. 둘은 아주 다르다.
민물해면 Freshwater sponge	민물말 freshwater algae 과 혼동하면 안 된다. 둘은 아주 다르지만, 게보다 구별하기가 훨씬 더 어렵다.
사사패모 *Fritillaria delavayi*	우리 눈앞에서 일어나는 진화의 예시다. 우리 눈에 보이지 않으려고 진화했다.
초파리 Fruit fly	어디에서 왔나요? 어디로 갔죠? 이 노랫말이 들어간 노래만큼 짜증 난다.✦
털스펀지게 Furred sponge crab	이 게가 유행을 이끌었으면 좋겠다. 요즘 우리는 멋 부리려고 모자를 쓰는 일이 너무 적다.
광대게 Gaudy clown crab	괜히 자신이 없어서 옷차림으로 남을 비평하는 게도 있다. 입고 싶은 대로 입자.

✦ 스웨덴 컨트리 밴드 레드넥스의 노래 <코튼 아이 조 Cotton Eye Joe>로, 가사에서 '어디에서 왔나요? 어디로 갔죠? Where did you come from, where did you go?'라는 문구가 계속 반복된다.

가우르 Gaur	단음절어는 소한테 딱 어울린다. 가우르. 야크. 소. 음매.++
게콜레피스 메갈레피스 *Geckolepis megalepis*	비늘이 눈 깜짝할 새에 다 떨어지는 것 같다. 나는 전부 다 봤다.
젠투펭귄 Gentoo penguin	가장 기품 있는 생김새. 가장 우스꽝스러운 걸음걸이. 광대의 나팔 같은 울음소리. 닮고 싶을 만큼 이상적인 펭귄이다.
코끼리조개 Geoduck	너무 크게 자란 탓에 껍데기 안에 다시 들어가지 못한다. 집으로 들어가지 못하던 날 얼마나 당황스러웠을까.
큰개미핥기 Giant anteater	한쪽 끝은 진공청소기, 다른 쪽 끝은 먼지떨이다. 개미핥기를 테마로 삼은 청소 서비스가 어딘가에 반드시 있을 것이다.
왕아르마딜로 Giant armadillo	흰개미 문제가 심각하면 문의하라. 흰개미 집을 완전히 허물 수 있다. 하지만 철거 공사 후 말끔히 청소하지 않는다.
거대구멍삿갓조개	꼭대기의 구멍으로 노폐물을 배설한

++ 음절syllable은 말하는 사람과 듣는 사람이 한 덩어리로 생각하는 말소리의 단위이며, 단음절은 음절이 하나라는 뜻이다. 영어 단어 야크yak와 소cow, 음매moo는 단음절이다.

Giant keyhole limpet	다. 영어 이름에는 '열쇠 구멍'이라는 말이 있지만, 사실 열쇠 구멍이 아니다.
자이언트모아 Giant moa	아오테아로아는 자이언트모아와 우리 인간을 모두 품기에는 좁은가 보다.
문어 Giant Pacific octopus	이 장에는 두족류가 지나치게 많이 나오는 듯하다. 그래도 두족류는 세상을 대표할 만하다.
대왕판다 Giant panda	털이 붉고 귀여운 판다 말고 다른 판다.
갈라파고스민고삐수염벌레 Giant tube worm	햇빛도 싫어하고 식사도 싫어한다. 어둠 속에서 물을 빨아들이기를 더 좋아한다.
은행나무 Ginkgo tree	썩어서 냄새가 고약한 버터. 오래 묵은 운동 양말. 웩, 토했다. 아, 가을 공기가 은은한 은행 향기로 짙어 간다.
황금두더지 Golden mole	진동을 느낄 수 있는데 시력에 의존할 필요가 있을까? 소설 《듄》에 나오는 모래벌레처럼 타고 다닐 수는 없다.
긴집게발게 Graceful decorator crab	해면뿔물맞이게 sponge decorator crab 보다 미적 감각이 더 세련됐다. 해면뿔물맞이게는 독이 있을 것 같은 해면으로 몸을 꾸민다.
백상아리	덩치가 크지만, 가장 큰 상어는 아니

Great white shark	다. 하얗지만, 배 부분만 하얗다. 영어 이름을 풀이하면 거대한 흰 상어지만, 중간 크기 두 색조 상어라고 해야 알맞다.
산쑥들꿩 Greater sage-grouse	좋아하는 먹이인 산쑥을 따서 이름을 지었다. 괜찮은 이름 짓기 방법 아닐까. 감자튀김 톰. 카르보나라 샌디.
아나콘다 Green anaconda	먹이를 졸라서 죽이는 뱀 중에서 덩치가 제일 크다. 대가 없이 껴안아주겠다고 제안하면 조심해야 한다.
녹색나무도마뱀 Green tree skink	대체 말라리아 약이 왜 필요하담? 말라리아 병원충을 죽이는 초록색 피를 개발하면 될 텐데.
채소장수매미 Greengrocer cicada	곤충을 이렇게 친근하게 표현한 이름이 있을까.
군서슬렌더도롱뇽 Gregarious slender salamander	사교적이고 날씬한 도롱뇽이라니, 파충류를 이렇게 매력적으로 표현한 이름이 있을까.
민태 Grenadier	이 영어 낱말은 심해어 말고 폭탄을 던지는 병사를 가리키기도 한다. 늘 구체적으로 밝히도록 하자.
회색바다표범 Grey seal	이 단어는 기각류 동물 말고 엘튼 존의 노래(나쁘지 않은 노래다)를 가리키기도

기니개코원숭이 Guinea baboon	한다. 늘 구체적으로 밝히도록 하자. 우리가 악수하듯이 기니개코원숭이 수컷은 '상호 음경 만지기'로 인사한다. "존슨, 잘 지내죠?"
걸프코르비나 Gulf corvina	"멕시코 물고기 떼의 난교 중에 발생하는 소음으로 돌고래의 귀가 멀다"라는 기사 제목이 다 말해준다.
풍선장어 Gulper eel	입이 온몸을 다 차지하지만, 별로 수다스럽지 않다.
먹장어 Hagfish	매듭 묶기와 점액 만들기에 뛰어나다. 촉각을 활용한 학습법을 선호하는 이들이 본받을 만한 대상이다.
하그리푸스 기간테우스 *Hagryphus giganteus*	훨씬 더 거대해진 화식조를 상상해보라. 게다가 깃털 색깔도 엄청나게 강렬하다. 이런 생명체가 정말로 존재했을 수도 있다. 상상력이야말로 중생대 생명체의 모든 면을 매력적으로 만드는 핵심이다.
할루키게니아 *Hallucigenia*	촉수 세 쌍. 다리 일곱 쌍. 이빨이 늘어서 있었을 목구멍. 캄브리아기에는 헤비메탈 열풍이 대단했나 보다.
쥐돌고래 Harbour porpoise	평균적인 인간 한 명은 대략 평균적인 쥐돌고래 한 마리와 비슷한 크기다.

	다른 고래와는 달리 매우 크기 비교가 쉽다.
잔점박이물범 Harbour seal	물고기를 잔뜩 먹으면 늘어져서 낮잠을 즐긴다. 역시 공감할 만한 동물이다.
하피독수리 Harpy eagle	모든 면에서 독보적인데, 자기도 그 사실을 잘 안다. 그래서 더 독보적이다.
수확흰개미 Harvester termite	주로 풀을 먹는다. 집을 짚단으로 짓지 않았다면 보험 계약 사항에 수확흰개미 관련 내용을 넣을 필요가 없다.
하브타가이 Havtagai	야생쌍봉낙타. 로프 사막의 노래하는 모래밭에서 샘솟는 짠물을 마신다. 얼마나 낭만적인 하드코어인지.
헥터부리고래 Hector's beaked whale	이제 부리고래는 그만 나왔으면 좋겠다. 할 말이 다 떨어졌다.
헬륨 Helium	경솔하지만 품위도 있는 편이다. 무게가 더 가벼운 이웃인 수소는 경박한 데다 변덕도 심하다.
헤라클레스장수풍뎅이 Hercules beetle	제나장수풍뎅이 Xena beetle는 있을까? 루시 롤리스장수풍뎅이 Lucy Lawless beelte는 있을지도 모른다.✦ 충분히 가능한 일이다. 앤젤리나졸리문짝거미 Angelina Jolie

✦ 제나는 뉴질랜드 배우 루시 롤리스가 TV 드라마 <여전사 제나 Xena: Warrior Princess>에서 연기한 주인공 캐릭터다.

	trapdoor spider는 어딘가에서 허둥지둥 달리고 있기 때문이다.
히코리뿔달린악마 Hickory horned devil	배고픈 작은 꿀꿀이라고 보면 된다. 이 애벌레의 입장을 설명하자면, 미래의 자아인 리걸나방을 위해 미리 부지런히 먹어두는 것이다. 나방은 아무것도 먹지 않는다.
하이펠트저빌 Highveld gerbil	저녁마다 굴을 청소한다. 성실한 룸메이트다.
하마 Hippopotamus	덜 사나운 피그미하마 pygmy hippopotamus 도 있다.
파타고니아스컹크 Humboldt's hog-nosed skunk	훔볼트의 이름을 땄다. 가짜 오소리인 악취오소리 stink badger 보다 덩치가 더 작고 냄새는 더 고약한 남아메리카 사촌이다.
벌꿀오소리 Honey badger	진짜 오소리보다 더 악랄하고 험악한 아프리카 사촌이다.
꿀벌 Honeybee	사람과 바로아응애 varroa mite 진드기에게 사랑받는다.
쇠등에 Horsefly	제비와 기생말벌에게 사랑받는다.
짖는원숭이 Howler monkey	어느 시점이 되면 암컷은 수컷의 소음을 무시해야만 한다. 그렇겠지?

훔볼트펭귄 Humboldt penguin	때때로 마젤란펭귄Magellanic penguin과 엉겨 있는 모습으로 발견된다.
혹등고래 Humpback whale	데이트앱 프로필: 정어리를 아주 좋아하고, 범고래를 아주 싫어해요. 스파이 호핑과 버블 네팅을 자주 하고,✦ 음악 플레이리스트를 만들어서 모두가 들을 수 있도록 방송하는 일도 즐겨요.
고래따개비 Humpback whale barnacle	고래를 타고 온 세상을 누비세요. 식비와 탑승료가 없답니다. 선상 공연도 제법 괜찮아요.
빙산 Iceberg	작은 빙산은 '으르렁대는 짐승growler'과 '빙산 쪼가리bergy bit'라고 불린다. 정말이다. 국제 유빙 감시대International Ice Patrol에서 쓰는 공식 용어다.
대양백합 Icelandic cyprine	조개 밍Ming은 507살이다. 사망 원인: 조개의 나이를 알아내는 과정.
익티오사우루스 Ichthyosaurus	돌고래dolphin도, 공룡dinosaur도 아니다. 철자가 D로 시작하는 그 어떤 집단과도 관계가 없다.

✦ 스파이 호핑spy hopping은 고래가 물 밖의 상황을 엿보려고 수면 위로 머리를 수직으로 드는 행동, 버블 네팅bubble netting은 거품 기둥을 만들어서 먹이를 가두고 한 번에 삼키는 행동이다.

임팔라 Impala	영양 임팔라는 세단 임팔라가 시달렸던 서스펜션 문제를 겪지 않는다. 아마 그래서 아직도 꾸준히 세상에 나오고 있는 게 아닐까.
인도코끼리 Indian elephant	아프리카에 사는 사촌처럼 역시 펭귄보다 크다.
인도큰다람쥐 Indian giant squirrel	크기를 키우고 '색 보정' 필터를 입힌 평범한 다람쥐.
인도코뿔소 Indian rhinoceros	엄밀히 말하자면, 서점에서 살 생각도 없이 책을 읽고 떠나는 편이다. 깊이 생각하지 않으며, 샘플 모음을 사는 편을 더 좋아한다. 독서회 회원으로서는 별로다.✦
인도휴스 Indohyus	엉덩이가 무거운 게 아니라, 그저 뼈 밀도가 높을 뿐이다.
내륙타이판 Inland taipan	빠르고, 치명적이고, 정확해서 삼중으로 위험하다. 자신감도 대단해서 괜히 으스대지 않는다.
아일랜드엘크 Irish elk	해마다 머리 위로 뼈가 얼마나 자라야 목 통증이 시작되는지 시험해본다.
잭슨카멜레온	하와이에서는 환영받지 못한다. 왜 그

✦ 책을 사지 않고 뒤져 보기만 하는 사람을 가리키는 단어 'browser'에는 '풀을 뜯는 동물'이라는 뜻도 있다.

Jackson's chameleon	런지는 본인도 잘 안다.++
재규어런디 Jaguarundi	혈통을 따지자면 재규어보다는 퓨마에 가깝다. 체구로 따지자면 고양이보다는 수달에 가깝다. 이것저것 섞인 야옹이다.
다이콘 Japanese daikon	영화에 출연한 채소 카메오 중에서 최고는? 미야자키 하야오 감독의 <센과 치히로의 행방불명>에 등장하는 무의 신 오시라사마다. 붉은 그릇을 머리에 뒤집어썼고, 빨간 훈도시를 뽐낸다.
일본원숭이 Japanese macaque	열대 지방을 떠나서 눈길을 걸었다. 온천에 몸을 담그면 후회가 어느 정도 사그라들겠지.
일본산양 Japanese serow	소보다는 염소에 가깝다. 사슴보다는 영양에 가깝다. 가끔 멧돼지로 오해받는다. 있는 그대로 말하자면 털이 보송보송하고 fuzzy, 비유적으로 말하자면 약간 모호하다 fuzzy.+++
일본거미게 Japanese spider crab	다리 여덟 개는 걸어 다니는 용도고, 나머지 두 개는 장난감 로봇의 집게처럼 물건을 붙잡는 용도다.

++ 이 카멜레온은 하와이의 토착 생물을 위협하는 침입종이다.
+++ 저자가 일본산양을 묘사한 형용사 'fuzzy'에는 보송보송하다는 뜻과 모호하다는 뜻이 있다.

자바코뿔소 Javan rhinoceros	개체 68마리 모두 크라카타우 화산 옆에 있는 우중쿨론 국립 공원에서 만날 수 있다. 맞다, 화산 폭발로 유명한 그 크라카타우 화산이다.
저지자이언트 Jersey Giant	칠면조의 영토 바로 옆에 있는 닭.
조선무 Joseon Korean radish	"조-선-무! 조려 먹고, 김치 담가 먹고, 국 끓여 먹는 무! 윤기 자르르 흐르는 흰쌀밥에 아삭한 무김치를 곁들이면 맛날 텐데." 평행 우주에 사는 샘와이즈 갬지가 다른 뿌리채소를 두고 이런 말을 남겼다.✦
K2	K1 산봉우리도 있지만, 8천 미터 14좌에 밀려 존재감이 없다.
칼라하리나무도마뱀 Kalahari tree skink	냉난방 시스템이 뛰어난 떼베짜기새의 둥지에서 살 수 있다면 시끄러운 집주인과 이따금 찾아오는 굶주린 이웃도 감수할 수 있다.
케이트윈즐릿딱정벌레 Kate Winslet beetle	그렇다, 리어나도디캐프리오딱정벌레Leonardo DiCaprio beetle도 진짜로 있다. 그래도 케이트윈즐릿딱정벌레의 이름

✦ 영화 <반지의 제왕: 두 개의 탑>에서 샘와이즈 갬지가 골룸에게 감자를 설명하는 대사를 패러디했다.

이 먼저 지어졌다.

왕고등어
King mackerel
이름에 왕이라는 말이 들어가는데, 엄밀히 말해 의례상 붙인 말이다. 대서양스페인고등어Atlantic Spanish mackerel나 세로고등어cero mackerel를 다스리지 않는다. 혈통을 따지면 진짜 고등어도 아니다.✚✚

왕펭귄
King penguin
황제펭귄이 발견되기 전까지는 몸집이 가장 큰 펭귄으로 여겼다. 그래도 왕좌를 유지할 만큼 풍채가 위엄 있다.

키위
Kiwi
한 나라의 국민과 맛있는 과일 모두에 영감을 불어넣는다. 진정한 새의 왕이다.

코알라
Koala
진화하면서 진짜 곰이랑은 아주, 아주 멀어졌다. 기묘하게도 유칼립투스 집착이 판다의 대나무 강박과 비슷하다.

코타오섬무족영원
Koh Tao Island caecilian
고향에 점점 늘어나는 배낭 여행객과 관광객과는 달리 스쿠버다이빙에 그다지 관심이 없다.

코모도왕도마뱀고추
Komodo dragon pepper
위키피디아의 설명을 읽어보자. "매운 맛의 '반응이 느리게' 나타난다는 사실로 유명하다." 진짜 코모도왕도마뱀에

✚✚ 왕고등어는 고등엇과 삼치속이다.

	게 물려서 감염되었을 때와 비슷한 듯하다.
크뢰이어심해아귀 Krøyer's deep-sea anglerfish	가장 매력적인 아귀. 물론 매력을 평가하는 기준이 높지는 않다.
쿨집박쥐 Kuhl's pipistrelle	이탈리아 단어에서 파생한 말과 독일 박물학자의 이름이 만났다. 북아프리카에서 찾아볼 수 있다. 그야말로 국제적인 박쥐.
풀잠자리 Lacewing	곁을 지나가는 소리는 자주 듣지만 잘 모르는 그런 곤충. 제대로 보고 나면 그제야 '아, 이렇게 생겼구나' 하는 그런 곤충.
개맛 Lamp shell	잘 안다고 생각하지만 실제로는 잘 모르는 그런 동물. 저 안에서 대체 무슨 일이 벌어지는 걸까?
큰귀우는토끼 Large-eared pika	토끼의 친척이라는 사실을 생각했을 때 실망스러운 이름. 그래도 귀가 펄럭이지는 않는다.
잎꾼개미 Leafcutter ant	곰팡이를 키우려고 식물을 기른다. 기른 채소를 먹지 않으려고 애쓴다.
나뭇잎해룡 Leafy seadragon	바닷속 해초 쪼가리. 물속을 둥둥 떠다니는 모습을 지켜보라.
꼬마해오라기	미국에 사는 사촌에 비하면 울음소리

Least bittern	가 정상적이다. 그 사촌은 수도꼭지에서 물이 요란하게 떨어지는 소리를 낸다.
리스트턴 Least tern	땅으로 내려오면 바닷가에 드러눕기 좋아한다. 솔직히, 아주 긴 비행을 마치고 나면 누군들 그러지 않을까?
애기족제비 Least weasel	위키피디아에 이런 내용이 나온다. "아메리카 원주민인 오지브와족은 애기족제비가 무시무시한 악령의 항문으로 돌진해서 죽일 수 있다고 믿었다." 이보다 더 뛰어날 수 있을까.
장수거북 Leatherback sea turtle	거북이 가운데 수영 챔피언. 속도와 잠수 깊이, 거리 부문에서 기록을 달성했다. 해파리만 먹는 식단 덕분이라고 공을 돌린다.
표범 Leopard	대형 고양잇과 동물 중 둘째 아이.
레서앤틸리스비단털쥐 Lesser Antillean rice rat	시궁쥐와 몽구스한테 시달려서 녹초가 되었다.
레서빌비 Lesser bilby	집고양이와 붉은여우한테 시달려서 녹초가 되었다.
레서귀없는도마뱀 Lesser earless lizard	겉으로 보이는 귀는 없지만 여전히 잘 살고 잘 듣는다.

레서군함조 Lesser frigatebird	다른 새가 먹이를 잡으면 먹이를 토하게 괴롭혀서 빼앗는다. 쓰레기를 뒤지는 갈매기가 덜 파렴치해 보일 지경.
레서쿠두 Lesser kudu	수줍음을 조금 타고, 줄무늬가 조금 있고, 멸종 위협이 조금 있다.
레서마스카렌날여우박쥐 Lesser Mascarene flying fox	도도새와 같은 운명을 맞이한 존재. 모리셔스에서 사라진 동물 중 하나로, 도도새도 포함되어 있다.
작은아기사슴 Lesser mouse-deer	말레이시아와 인도네시아 전래동화에서 주인공 '상 칸칠Sang Kancil'로 나온다. "작지만 영리한 상 칸칠은 꾀를 써서 더 강한 상대를 무찌른다." 우리가 몰랐던 슈퍼히어로 이야기의 기원.
레서원숭이올빼미 Lesser sooty owl	그을음scoot이 많이 묻어 있지만, 만져도 손에 묻지는 않는다. 그래도 만지면 안 돼요.
레스토돈 *Lestodon*	커다란 땅늘보는 늘 선사 시대의 샌드백으로 묘사되지만, 발톱을 보면 전성기에 상당히 무시무시했을 것 같다.
지의류 Lichen	위키피디아 설명: "지구 육지 표면에서 6~8%는 지의류로 덮였을 것으로 추정된다." 힘을 합치면 못 할 것이 없다.
사자	지의류만큼 세력을 불려서 지구를 뒤

Lion	덮지는 못했지만, 팀으로 뭉치는 문화는 아직 흔들림 없다.
마다가스카르봉황목 Madagascan flame tree	숲의 불꽃으로도 불린다. 보통 숲에서 피어오른 불꽃은 경계 대상이지만, 이 불꽃은 경탄의 대상이다.
마다가스카르토마토개구리 Madagascar tomato frog	 아주 잘 익었다. 꽉 쥐어짜면 안 된다.
말루스 도메스티카 *Malus domestica*	어느 품종의 이름은 소의 심장 *Coeur de Boeuf*이다. 채식 메뉴에 이 사과가 올라오면 혼란스러울 테다.
말루스 시에베르시이 *Malus sieversii*	부란병[+]에 잘 걸리지만, 누군들 안 그럴까?
매너티 Manatee	이 둥글둥글한 녀석에게서 모난 데라고는 찾아볼 수 없다.
원앙 Mandarin duck	차분하다. 세련됐다. 고상하다. 암컷의 스타일링은 인기가 없다.
만타가오리 Manta ray	바닷속 거대하고 사교적인 나비.

[+] 줄기나 가지 껍질이 갈색으로 바뀌며 부풀어 올랐다가 마르면서 반점이 생기는 병.

마게이 Margay	나무 위의 작은 오실롯.
마지네이트육지거북 Marginated tortoise	등딱지 셔츠와 예쁜 배딱지. 무척 잘 어울린다.
담비 Marten	독일 자동차를 좋아하고 따뜻한 점화 케이블을 씹는다. 자동차 보험 계약 내용에 담비 관련 공제 사항이 있는지 확인하길 바란다. 유럽에서는 진짜 문제다.
메리리버거북 Mary River turtle	이따금 조류로 만든 초록색 가발을 마구 흔든다. 속이 너무 뻔해 보이지만, 비난하지는 않겠다.
미어캣 Meerkat	미어몽구스가 더 정확할 것 같은데.
멕시코맹꽁이 Mexican burrowing toad	쥐라기에 다른 양서류에서 갈라져 나온 괴짜. 1억 9천 년 동안 혼자 땅속에서 지내다 보면 누구나 별나게 변하지 않을까?
우윳빛살점기생충 Milky flesh	학명은 헨네구이아 살미니콜라$^{Henneguya\ salminicola}$. 예전에 미토콘드리아 사용 또는 산소 호흡을 중단한 괴짜. 혼자서 연어 근육 조직에 파묻혀서 지내다 보면 누구나 조금 이상하게 변하지 않을까?

밍크 Mink	누구나 밍크의 존재 그 자체가 아니라 밍크에게서 얻어 내는 것을 두고 칭찬한다. 네 맘을 이해해. 밍크야, 네 심정에 공감해.
밍크고래 Minke Whale	가장 파격적인 고래 울음소리인 서부태평양 바이오트왕^{West Pacific Biotwang} ✢을 만든 장본인. 원래 부끄럼을 많이 타는 이들이 깜짝 놀랄 만한 일을 해내는 법이다.
피라미 Minnow	그저 낚시용 미끼가 아니라 귀중한 존재다. 피라미가 없는 호수나 개울은 얼마나 비참할까.
| ***개복치***<br>*Mola mola* | ```
 |\
Σ ‾‾‾\
Σ  C ° 3
Σ ___/
 |/
``` |

몬터레이만 수족관에서 보고 생김새를 아스키 아트로 표현해봤다.

땅강아지 Mole cricket	수컷은 굴을 스피커로 만들어서 맑은 목소리로 부르는 짝짓기 노래를 멀리 퍼뜨린다. 영화 <금지된 사랑>(1989)에서 붐 박스를 들고 세레나데를 틀던

✢ 마리아나 해구에서 포착된 신비하고 복잡한 소리에 붙은 별명.
```

	배우 존 큐잭과 같다.
제왕나비 Monarch butterfly	호랑이는 아닌데 몸 색깔이 주황색과 검은색인 동물.
제왕나비 애벌레 Monarch caterpillar	입맛이 까다로운 게 대왕판다 같다. 노란색과 검은색, 흰색으로 이루어진 몸이 바나나를 든 대왕판다 같다.
무어랜드호커잠자리 Moorland hawker	위키피디아를 보면 "잠자리 유충은 빠르게 달아나기 위해 직장에서 물을 강제로 배출할 수 있다"라고 나온다. 위기 상황에서 유용할 듯하다.
말코손바닥사슴 Moose	유럽에서는 엘크라고 부른다. 북아메리카에서 엘크는 전혀 다른 사슴인 와피티를 가리킨다. 아주 명백하게 다르다.
곰치 Moray eel	목구멍 안에 두 번째 턱이 들어 있다. 때때로 하나로는 충분하지 않으니까.
에베레스트산 Mount Everest	산소 부족이나 혹독한 환경 등 수두룩한 결함이 있어도 높이로 보완할 수 있다.
산비버 Mountain beaver	신장 기능이 나빠서 소변을 농축하지 못한다. 정말 희한한 사실이다. 이제 당신의 머릿속에 새겨졌다.
말뚝망둥어	깡충거리며 뛴다기보다는 펄떡거린

Mudskipper	다. 그래도 뭍으로 나온 물고기의 행동치고는 대단하다.
문착사슴 Muntjac deer	짖는 사슴이나 갈비뼈 얼굴 사슴으로도 불린다. 별명이 갈비뼈 얼굴이라고? 티본T-bone보다 별로다.
사향소 Musk ox	위키피디아에 실린 내용: "삼림크리어Woods Cree✦로 부르는 이름 'mathi-mos'와 'mathi-mostos'는 각각 '못생긴 사슴'과 '못생긴 들소'라는 뜻이다." 다행히 실제로는 매력적인 소다.
사향쥐캥거루 Musky rat-kangaroo	냄새 나는 캥거루쥐와는 아예 다르다. 비슷한 구석조차 없다.
미얀마들창코원숭이 Myanmar snub-nosed monkey	이 원숭이에게는 코를 뜯어간 척 연기하며 장난치면 안 된다. 이해하지 못할 것이다.
민털두더지쥐 Naked mole rat	덩이줄기 작물을 캐는 광부. 이 동물에 관한 내용 중 가장 정상적인 내용이지 싶다. 나머지는 죄다 바나나에 관한 내용인데, 민털두더지쥐는 바나나를 먹지 않는다.
일각돌고래 Narwhal	만약 유니콘이 실존한다면, 육지일각돌고래라고 불러야 한다.

✦ 북아메리카 원주민의 언어.

네온날오징어 Neon flying squid	이미 제트 추진 기관을 갖추었다. 그렇다면 다음 차례는 당연히 비행일 테다.
중성자별 Neutron star	압박에서 벗어나고 싶다면 이곳으로 휴가를 떠나지 않는 편이 낫다.
북아메리카꼬마땃쥐 North American least shrew	움직이지 말고 가만히 있으라고 말하면 안 된다. 그랬다가는 말 그대로 목숨을 잃을 것이다.
북중국표범 North Chinese leopard	아무르강 하천망 남쪽 지역에서 살지만, 요즘에는 기껏해야 군데군데 드물게 있을 뿐이다.
북방해달 Northern sea otter	촉각으로 학습한다. 동그란 앞발로 게와 조개와 성게를 깨부수기 좋아한다. 피젯 스피너⁺를 선물로 주면 좋아할 성싶다.
북부흰코뿔소 Northern white rhinoceros	"있잖아, 파투. 이제 세상에는 정말로 우리밖에 안 남았어." 코뿔소가 말할 수만 있다면.
주머니개미핥기 Numbat	하루에 흰개미를 2만 마리나 먹을 수 있다. 흰개미는 놀라울 만큼 열량이 낮은가 보다.
참나무	꽃은 실망스럽지만, 나머지는 전부 준

⁺ 가운데 베어링 부분을 손가락으로 잡고 날개를 회전시키는 장난감.

Oak	수하다.
남극빙어 Ocellated icefish	헤모글로빈이 없다. 비늘이 없다. 문제없다.
오실롯 Ocelot	화가 살바도르 달리가 반려 오실롯 바부Babou에 관해 뭐라고 말했든, 그림 속 집고양이가 아니다.
오카피 Okapi	줄무늬가 반만 그려진 얼룩말도 아니고 몹시 작은 기린도 아니다. 그냥 오카피다.
오파비니아 Opabinia	한 번에 여럿을 감시할 수 있는 눈과 길게 뻗어나간 집게 주둥이는 그 당시 늪지 생물의 표준 아니었을까. 지금은 이런 구닥다리도 없다.
붉평치 Opah	둥그스름한 접시처럼 생겼다. 축하 자리랍시고 깨지 말자.✚✚
옵탈모사우루스 *Ophthalmosaurus*	이 동물과 눈씨름 하지 말 것. 비록 화석이 되었지만, 큼직한 눈으로 영혼까지 꿰뚫어볼 것 같다.
장식다이아몬드백테라핀 Ornate diamondback terrapin	바다거북도 아니고 육지거북도 아니다. 바다와 땅 사이에 있는 염습지에 산다.

✚✚ 그리스 결혼식이나 중국 설날 등 다양한 행사에서 축하의 의미로 접시나 그릇, 잔을 깬다.

물수리 Osprey	어류를 먹는 육식성^{piscivore}이지, 채식 위주의 해산물 섭취자^{pescatarian}는 아니다. 같이 식당에 가서 물수리 대신 주문하려다가 헷갈릴 수도 있다.
올빼미 의회 Owl, a parliament of	좋다, 이 표현은 확실히 근사하다. '지혜'나 '부엉부엉', '뺀한 눈길' 같은 말로 무리를 가리키는 것보다 낫다.
굴 Oyster	맛 좋은 돌멩이.
태평양멸치 Pacific anchovy	맛 좋은 생선.
샛멸 Pacific argentine	드넓고 푸른 바다를 헤쳐나가려는 은색 빙어일 뿐이다. 영어 이름만 보면 아르헨티나에 연고가 있을 것 같지만, 그렇지 않다.✦
태평양청어 Pacific herring	맛 좋고 인기 좋은 생선. 한 치수 더 크다.
태평양연어 Pacific salmon	멸치와 청어를 즐겨 먹는 맛 좋고 인기 좋은 생선. 삶의 순환은 커다란 뷔페다.
천산갑	기어오를 수 있고, 땅을 팔 수 있고, 악

✦ 'argentine'는 금속 원소 '은'이나 '은빛의', '은 같은', '은의'라는 뜻으로도 쓰인다.

Pangolin	취를 풍길 수 있다. 비늘 말고도 할 말이 정말로 많다.
기생말벌 Parasitoid wasp	기생말벌이 다른 기생말벌 종에 기생할 수 있을까? 영화 <인셉션> 수준으로 광기 어린 이 호기심을 풀어줄 답변을 기다린다.
여행비둘기 Passenger pigeon	타임머신을 개발해서 시간을 거슬러 올라가 수십억 마리나 되는 여행비둘기 떼가 하늘을 새까맣게 뒤덮는 광경을 볼 수 있을 미래 사람들이여, 우산을 꼭 챙겨서 가도록.
땅콩벌레 Peanut worm	물론, 땅콩처럼 생겼다. 그렇고말고.
붓꼬리나무두더지 Pen-tailed tree shrew	인간으로 치면 저녁마다 와인을 10~12잔씩 마시는 셈이다. 간이 정말 피로하겠다.
회색가지나방 Peppered moth	영어 이름을 풀이하면 후추를 친 나방이라는 뜻인데, 후추를 뿌리지는 않았다. 어쨌거나 후추를 쳤더라도 새는 양념 맛을 못 느낀다.
송골매 Peregrine falcon	빠르게 급강하해서 먹잇감을 덮친다. 한번 찾아보라.

페르시아카펫납작벌레 Persian carpet flatworm	페니스 펜싱penis fencing✦을 통해 짝짓기한다. 한번 찾아보라. 직접 벌레를 찾지 말고 검색해봐도 좋다. 아니, 다시 생각해보니 안 하는 게 낫겠다.
코끼리주둥이고기 Peters's elephantnose fish	코처럼 보이지만 사실 턱이다. 영어 이름에 문장 부호를 찍기가 까다롭다.
파라오갑오징어 Pharaoh cuttlefish	이따금 팔을 구부리고 흔들어서 소라게를 흉내 낸다. 결국, 모두가 게처럼 되어가나 보다.
필리핀날원숭이 Philippine colugo	털로 덮인 소매 담요가 있어서 활공하거나 몸을 숨길 수 있다.
피카이아 그라킬렌스 *Pikaia gracilens*	머리가 생겨나기 직전이었는데, 알고 보니 머리는 몇몇 동물에게 중요한 특징이었다. 반대로 해면은 핵심을 파악하지 못했다.
피라냐 Piranha	"저는 1분 안에 피라냐 한 마리를 가시 더미로 만든 적이 있죠." 애니멀 플래닛Animal Planet✦✦의 <강의 괴물들River Monsters> 진행자 제러미 웨이드Jeremy Wade가 형세를 뒤집으며.
플라나리아	안점✦✦✦ 밑에 미소 지은 입을 그리고 싶

✦ 뾰족한 성기로 싸워서 진 쪽이 이긴 쪽의 정자를 받는 교미 방식.
✦✦ 미국 디스커버리 네트워크 계열의 동물 전문 방송국.

Planarian flatworm	더라도 참아라. 생각보다 참기 어렵다.
기분좋은버섯벌레 Pleasing fungus beetle	집에 풀어놓고 싶더라도 참아라. 분위기를 더 잘 살릴 수도 있겠지만.
북극곰 Polar bear	원래는 해양 동물의 지방을 먹어서 연료로 쓰지만, 요즘 북극해 허드슨만의 곰 일부는 잡식성으로 변해서 성게와 조류, 오리를 먹고 산다.
유럽푸른부전나비 Polyommatus blue	새는 나비가 너무 눈이 부셔서 먹기 어려울 것 같으니 잡아먹을지 말지 망설일까? 그렇지는 않을 것 같다.
악상어 Porbeagle	영어 이름에 '비글beagle'이 들어가지만, 개가 아니다. 상어에 가깝다. 개–물고기 상어dogfish shark도 아니다. 고등어 상어mackerel shark다.++++ 고등어는 아니다.
호저 Porcupine	갈기가 있는 종과 갈기가 없는 종이 있다. 지역에 따라서 가시에 더 작은 가시가 돋아난 호저도 있다.
가시복 Porcupinefish	성게 흉내가 그럴듯하다.

+++ 원생동물이나 하등 무척추동물에 있는 점 모양 빛 감지 기관.
++++ 'dogfish shark'는 곱상어며, 'mackerel shark'는 악상어의 다른 영어 이름이다.

포르투갈군함해파리 Portuguese man o' war	해파리 흉내가 그럴듯하다.
대초원루핀 Prairie lupine	질소를 고정할 수 있고, 자가수분+도 할 수 있고, 햇빛이 너무 강하면 이파리의 털을 조절해서 빛을 반사할 수도 있다. 무엇이든 척척 해치우는 듯하다.
프라이아 두비아 Praya dubia	세계에서 가장 길고 살아 있는 크리스마스트리 전구.
가지뿔영양 Pronghorn	염소도, 사슴도, 영양도 아닌 고유의 존재. 오카피와 연락처를 주고받아서 그동안 오해받으며 쌓인 서러움을 함께 위로해야 한다.
프시타코사우루스 Psittacosaurus	얼굴에는 부리가 달렸고, 꼬리에는 가느다란 깃털이 돋아나서 요란해 보인다. 무리 지어 생활한 듯한데, 진정으로 파티를 즐기는 동물이었나 보다.
퓨마 Puma	그야말로 아메리카 전역을 돌아다니는 방랑자. 캐나다 유콘주부터 안데스산맥까지 가지 않는 곳이 없다.
호박맹꽁이 Pumpkin toadlet	아주 자그마하고, 그래서 점프에 서툴다. 내이++의 균형 감각이 문제다.

+ 같은 유전자를 가진 꽃의 꽃가루가 직접 암술머리에 붙어서 씨를 맺는 일.

펌프킨시드 Pumpkinseed fish	호박씨 물고기라고는 하지만 호박씨보다 크다. 호박씨보다 훨씬 더 예쁘기까지 하다.
제임스홍학 Puna flamingo	홍학을 본떠서 새로운 요가 자세를 만들 수도 있겠다. 먼저 한 발로 서세요. 습지를 주의 깊게 눈여겨보세요. 브라인쉬림프brine shrimp⁺⁺⁺가 있는지 샅샅이 살피세요. 낮잠 한숨 자세요. 그대로 멈추세요.
캐리비안뭍집게 Purple pincher hermit crab	기어오르고, 흙을 파고, '캐스트cast'라고 불리는 대규모 무리에서 살기 좋아한다. 캐리비안파티게라고 불러야 더 정확하겠다.
피그미새매 Pygmy falcon	몸무게가 아주 작은 양파 한 알이나 콩 모양 젤리 50개와 비슷하다. 무게를 비교하려니 50그램짜리 물건을 찾기가 어렵다.
사시나무 Quaking aspen	40만 제곱미터 또는 축구장 81개 면적에 걸쳐 뻗어 있다. 면적을 비교하려니 이만큼 커다란 클론 군집을 찾기가 어렵다.

⁺⁺ 고막의 진동을 신경에 전달하는 역할을 맡은 귀 안쪽 부분.
⁺⁺⁺ 씨몽키sea monkey로도 불리는 소형 갑각류.

쿼카 Quokka	오스트레일리아에는 '＿＿ 속의 유일한 구성원'이 많다. 쿼카도 그렇다.
토끼 Rabbit	오스트레일리아에 '＿＿ 속의 유일한 구성원'이 너무나도 많아지는 데 어느 정도 책임이 있다. 이 대륙에 토끼를 풀어놓은 빅토리아 풍토 순화 협회의 토머스 오스틴 씨 정말 감사합니다.
미국너구리 Raccoon	'쓰레기 판다'라는 별명을 널리 퍼뜨린 레딧 사용자 칼 펠리그로 씨, 정말 감사합니다. 아깝게 1등 자리를 놓친 별명은 '씻는 곰'이다.
무지개송어 Rainbow trout	영국 록 밴드 더 클래시의 <남아야 할까 가야 할까Should I Stay or Should Go>를 듣더니 영영 민물에 남기로 선택했다.
라즈베리미친개미 Rasberry crazy ant	위키피디아에 이런 내용이 나온다. "열대긴수염개미longhorn crazy ant(*Paratrechina longicornis*)나 긴다리비틀개미yellow crazy ant(*Anoplolepis gracilipes*)와 혼동하지 않도록 주의하라." 그러고 싶은 사람은 아무도 없거든요.
룸바를 추는 방울뱀 Rattlesnakes, a rhumba of	뱀을 피하려고 추는 춤처럼 들리는 표현이다.
무자비한 레이븐 떼 Ravens, an unkindness of	레이븐에게 불공정한 표현이다.

적색야계 Red jungle fowl	확실히 닭보다 먼저다.
너구리판다 Red panda	대왕판다와 친척이 아니다. 판다라는 이름은 그다지 유용하지 않네. 그렇지 않은가?
홍엽조 Red-billed quelea	씨앗 도둑. "아프리카의 깃털 달린 메뚜기." 심지어 수컷은 검은색 복면까지 자랑한다.
붉은귀거북 Red-eared slider	셔플보드[+]에서 셔플퍽으로 쓰면 안 된다.
빨간눈청개구리 Red-eyed tree frog	글래머 사진[++]을 찍을 때 꼭 찾는 모델. 사진에서 몽롱한 느낌을 자아내려면 화이트청개구리Australian green tree frog를 카메라 앞에 세워라.
붉은입술부치 Red-lipped batfish	립스틱이 번지지 않으며 방수 기능도 있는 데다, 절대 지워지지 않는다.
빨간점산호게 Red-spotted coral crab	불가사리와 달팽이로부터 산호를 지키는 경비원으로 일하며, 그 대가로 집과 먹이를 받는다. 요즘 시대에 이 정도면 승진해야 하지 않을까.

[+] 길쭉한 판에 셔플퍽이라는 원반 여러 개를 얹고 막대로 밀어서 숫자 쪽으로 보내는 게임.
[++] 관능적인 포즈를 잡은 피사체를 찍는 사진.

순록 Reindeer	이끼lichen가 아닌 사슴이지만, 사슴은 이끼를 많이 먹고 이끼는 언젠가 결국 사슴으로 변한다.
대빨판이 Remora	히치하이크하며 살아가며, 어디든 고래/상어/거북/듀공이 데려다주는 곳으로 떠난다.
우역 Rinderpest	치료하지 않으면 사망률이 100%에 가까웠다. 대규모 예방 접종 프로그램으로 7년 만에 근절했다.
RMS 타이태닉호 RMS Titanic	바다 밑바닥에서 번성하는 박테리아 공동체의 집이 되었다. 박테리아 누구든 일등석 발코니에서 만찬을 즐길 수 있다.
로드러너 Roadrunner	날 수 있다. 다시 말해, 이제까지 가여운 코요테를 놀리고 있었던 것이다.
바위너구리 Rock hyrax	이웃과 더 평등한 유대 관계를 맺고 더 오래 산다. 계급제에 맞서 싸우자.
바위왈라비 Rock wallaby	보통 깡충 뛰기와 암벽 등반은 자연스럽게 어울리지 않지만, 오스트레일리아에는 예외가 존재한다. 바위왈라비과의 17종은 날마다 깡충 뛰며 암벽을 등반한다.
흰바위산양	인간의 땀과 소변에 맛을 들일 수 있

Rocky mountain goat	다. 킁킁거리며 오줌 냄새를 맡고 염분을 핥는 산양을 조심하라.
공벌레 Roly-poly	육지의 갑각류 동물. 공벌레보다는 공새우라고 해야 한다. 당신의 정원 어디에서든 동그랗게 몸을 말고 있다.
벚꽃모란앵무 Rosy-faced lovebirds	이 작은 앵무새에게 놀랍도록 잘 어울리는 이름이다. 벚꽃모란앵무 다들 행복하길.
로스차일드기린 Rothschild's giraffe	대체로 다른 기린보다 키가 더 크다. 뭔가 정말로 의미 있는 것 같다.
유럽둥근망둑 Round goby	그렇게까지 둥글지는 않다.
적갈색벌새 Rufous hummingbird	그렇게까지 적갈색으로 뒤덮이진 않았다. 얼굴만 조금 적갈색이다.
사하라뿔살무사 Saharan horned viper	눈썹 자리에 솟아오른 뿔은 변형된 비늘로 만들어진다. 빛을 막아서 눈부심을 방지하거나 먹이를 유인하는 용도일 수도 있지만, 확실히 기능보다는 외모가 더 중요할 테다. 원조 블루스틸 표정[+]이 아닐까?
사이가산양	크게 부푼 코로 물을 마시지는 않지

[+] 코미디 영화 <쥬랜더>에서 패션모델 주인공이 자랑하는 매력적인 표정.

Saiga antelope	만, 물을 마시던 도중 농담을 들으면 코로 물을 뿜을 것이다. 공식적으로 실험하지는 않았다.
돛새치 Sailfish	접이식 모호크/멀릿 스타일의 조합이라니, 가장 인상적인 헤어스타일을 뽐낸다.[+]
샌프란시스코가터뱀 San Francisco garter snake	화려하다. 스트레스를 받으면 악취를 약간 뿜지만, 누구나 다 그렇지 않나?
사우로수쿠스 *Saurosuchus*	도마뱀 악어라는 뜻이지만, 정확히 말해 도마뱀도 아니고 악어도 아니다. 7.5미터짜리 최상위 포식자에게 쫓길 때 가장 먼저 떠오를 이름은 아닐 것 같다.
꽁치 Saury	일본에서는 해마다 꽁치 축제를 여는데, 대개 꽁치보다는 꽁치를 먹는 방법을 기념한다. 유명인 문화 celebrity culture[++], 잡탕.
가시가자미 Scalyeye plaice	지금은 납작하지만, 어릴 때는 둥글었다. 그저 건실하게 정착할 모래밭을 찾을 뿐이다.

[+] 모호크는 닭 볏처럼 가운데 머리만 길러서 세우는 스타일, 멀릿은 앞머리와 옆머리는 짧게 자르고 뒷머리를 길게 기른 스타일이다.

[++] 유명인이 과도하게 주목받고 사생활까지 관심의 대상이 되는 현상.

양볼락과
Scorpionfish

영어 이름을 풀이하면 전갈고기라는 뜻인데, 진짜 전갈과 트리니다드모루가스콜피온고추와 견줄 수 있을 만큼 위험하다. 밟으면 큰일 난다.

비명지르는긴털아르마딜로
Screaming hairy armadillo

분홍요정아르마딜로pink fairy armadillo와 헷갈리지 않도록 주의하라. 울음소리를 경보음으로 써도 좋다.

윗통가시횟대
Sculpin

부드러운 부분과 가시가 돋아난 부분의 비율이 50:50, 머리와 몸의 비율이 70:30인 물고기.

해삼
Sea cucumber

한 곳에 가만히 있는 땅의 삼과는 다르게 무리를 지어서 바다 밑바닥을 돌아다닐 수 있다.

유령멍게
Sea vase

꽃병피낭동물vase tunicate이라고도 한다. 꽃을 꽂기에는 별로지만, 절대 유령멍게의 잘못은 아니다.

해마
Seahorse

어떤 수영 경기에서든 거의 꼴찌다. 뒤쪽에서 가시복과 함께 노는 편을 더 좋아한다.

센다이 까마귀
Sendai crow

공식 패거리에는 철도 선로에 돌멩이를 얹어 두는 돌까마귀, 신사에서 초를 훔치는 불까마귀, 화장실에 들어가서 비누를 먹는 비누까마귀, 수도꼭지 돌리는 법을 깨우친 수도꼭지까마귀

	가 있다. 재미있는 녀석들이다.
셍기 Sengi	포유류 소형급(체중 1킬로그램 미만) 속도 챔피언이다.
세라마반탐 Serama bantam	아주 작은 닭. 메추라기 중에서 큰 녀석이랄까.
상사줄자돔 Sergeant major damselfish	현재 어떤 군대에서도 이 물고기의 계급을 공식적으로 인정하지 않는다.
서발 Serval	털의 반점과 줄무늬를 점과 대시 기호로 바꿀 수 있을 것 같다. 혹시 비밀 요원 고양이?
세실오크 Sessile oak	움직이는 걸 정말로 싫어한다. 다른 참나무와 비교해도 그렇다.
일곱팔문어 Seven-arm octopus	일반 문어와 비교하면 그냥 둥그런 덩어리처럼 생겼다. 여덟 번째 팔을 오른쪽 눈 아래에 쑤셔 넣고 있는데, 정자를 전달하는 데 쓰인다. 방금 읽은 그 문장은 틀림없는 진실이다.
샤스타가재 Shasta crayfish	더 시끄럽고 더 커다란 시그널가재 signal crayfish가 나타나자, 자취를 감추었다.✢
샤스타도롱뇽	댐 건설과 석회암 채석이 시작되자,

✢ 샤스타가재는 서식지 파괴와 외래종인 시그널가재의 위협으로 현재 멸종 위기다.

Shasta salamander	자취를 감추었다.
샤스타사우루스 Shastasaurus	몸집이 고래만 하고, 이빨이 없다. 아마 흡입 방식으로 먹이를 먹었을 것이다. 오징어를 후루룩 마시는 일은 물에서 헤엄치는 커다란 동물이라면 누구든 빠짐없이 즐기는 오락거리인가 보다.
양치기나무 Shepherd's tree	양을 치는 방법이 또 있다. 양을 쫓아다니지 말고 나한테 오도록 끌어모으면 된다.
밝은깃탁란찌르레기 Shiny cowbird	암컷은 수컷처럼 광이 도는 검은색이 아니라 무광택 황갈색이다. 그래서 다른 새 둥지에 몰래 알을 낳기가 더 쉽다. 교활하게도 알 품기를 남한테 떠넘기는 기생충 같은 녀석.
샤이어 Shire	조랑말에 익숙한 호빗에게는 틀림없이 훨씬 더 거대해 보일 테다.++
짧은얼굴곰 Short-faced bear	얼굴은 괜찮아 보이지만, 코뼈가 깊이 움푹 들어가 있어서 주둥이가 짧다. 그래서 감정이 훨씬 더 풍부해 보인다.

++ 샤이어는 소설 《반지의 제왕》에서 반인족 호빗이 사는 마을 이름이기도 하다.

짧은지느러미청상아리
Shortfin mako shark

몹시 날카롭다. 온몸이 뾰족하다.

누에
Silkworm

뽕잎이 유일하고 완벽한 음식이라고 철석같이 믿는다.

작은청어
Silver sprat

동물성 플랑크톤이 유일하고 완벽한 음식이라고 철석같이 믿는다.

베트남아기사슴
Silver-backed chevrotain

수월하게 닿을 거리에 초록색 이파리가 무성하거나 풀로 덮인 것이 있다면 무엇이든 먹는다. 떨어진 열매도, 이따금 벌레도 먹는다. 먹이에 관해 그다지 호들갑을 떨지 않는 편이다.

은줄멸
Silverside

아주 작고, 아주 반짝거리고, 수를 세기가 어렵다.

노래하는분홍가리비
Singing pink scallop

북아메리카 서해안에 사는 이 연체동물의 이미지를 위해 이름을 지어낸 것 같다. 이 문^{phylum}에는 음악 유전자가 없어 보이던데.

홍어
Skate

납작한 물고기 가운데 가시가 적고 대칭도 더 잘 맞다. 신발처럼 잘 미끄러지지만, 물 밖이 아니라 물속에서만 제대로 움직인다.

가다랑어
Skipjack tuna

축구공 모양으로 꽉 뭉친 근육. 헤엄치는 데 딱 알맞은 몸이라서 사냥할

	수 있고, 그래서 먹을 수 있고, 그래서 더 헤엄칠 수 있다.
날씬버들조름 Slender sea pen	영어 이름에는 '펜'이 들어가는데 이걸로는 전혀 필기할 수 없다. 잡기 힘들고, 잉크가 사방으로 번진다.
느림보곰 Sloth bear	어떤 곰이든 가끔 느림보가 되지만, 그래도 느림보곰이 가장 느릿느릿할 테지.
천연두 Smallpox	다시는 세상에 돌아오지 마세요, 이해해줘서 고마워요.
뱀베도라치 Snake blenny	다목적 별명이다. 이런 별명을 얻으려면 그저 작고 길쭉하면 되지만, 그렇다고 너무 뱀장어 같으면 안 된다. 또 해저 근처에서 돌아다녀야 한다.
스네어스펭귄 Snares penguin	올레아리아^{olearia}✦로 뒤덮인 스네어스 제도에만 서식한다. 얼음이 아니라 숲에서 사는 펭귄이라고 할 수 있다.
눈표범 Snow leopard	꼬리를 지방 저장고이자 얼굴 담요로 쓴다. 꼬리를 활용하는 최고의 방법 아닐까.
떼베짜는새	내향적인 베짜는새, 방에서 혼자 시간

✦ 데이지 같은 꽃이 피는 관목.

Sociable weaver	을 보내고 싶은 베짜는새도 어디엔가 반드시 있으리라.
홍연어 Sockeye salmon	너무도 많은 존재에게 너무도 의미 있다. 곰, 사람, 숲, 강. 모두 이 물고기의 흔적을 품고 있다.
소말리아타조 Somali ostrich	빅 버드[+]만큼이나 키가 크다. 하지만 빅 버드처럼 시를 쓰거나 롤러스케이트를 탈 수는 없다.
남부다트나방 Southern dart	당신이 던지는 평범한 다트보다 더 빠르다. 조준하기 어렵다.
남방코끼리물범 Southern elephant seal	바다에서 혼자 지내다가 뭍으로 올라와 떼 지어 소동을 벌인다. 일과 삶의 균형을 잘 유지한다.
남부플란넬나방 Southern flannel moth	위키피디아에서는 애벌레의 독침을 이렇게 설명한다. "피해자는 그 고통을 뼈가 부러지거나 둔기로 맞은 외상과 비슷하다고 묘사한다." 진짜 우리 세상에 존재하는 이 트리블[++]은 강력한 펀치를 날린다.
남방풀머갈매기 Southern fulmar	'구린내-갈매기 foul-mew'라는 고대 노르드어에서 비롯했다. 알을 훔쳐가려는

[+] 어린이 애니메이션 <세서미 스트리트>에 등장하는 거대한 새.
[++] 영화 <스타트렉>에 등장하는 털 뭉치 생물.

	사냥꾼에게 구린내 나는 기름을 뱉었기 때문이다. 사실 나는 새 편이다.
남방물개 Southern fur seal	보온을 위해 털만 두르는 대신 털과 지방이 반반 섞인 옵션을 선택했다.
남쪽털코웜뱃 Southern hairy-nosed wombat	코털 가위 하나 장만해서 적도 지방으로 이사한다면 그냥 '웜뱃'으로 새 삶을 시작할 수 있다.
남방해달 Southern sea otter	그렇게까지 남쪽에 살지는 않는다. 사실 캘리포니아에 산다.
작은개미핥기 Southern tamandua	일부는 검은색 털 조끼를 뽐내고, 일부는 금빛 나는 털 코트를 입고 있다. 상황에 맞는 옷차림이 아니라 지역에 맞는 옷차림인 듯하다.
새매 Sparrowhawk	위대한 마법사.+++ 품위 있는 새.
향유고래 Sperm whale	피부가 쭈글쭈글하다. 물에서 나오지 않으면 주름을 펼 수 없잖아요.
박각시나방 Sphinx moth	일부는 날면서 공중에 머물러 있을 수도 있고, 뒤로 날 수도 있고, 날면서 먹이를 먹을 수도 있다. 곤충과 벌새의 경계를 흐릿하게 지운다.

+++ 어슐러 르 귄의 판타지 소설 어스시Earthsea 시리즈에 게드라는 마법사 새매가 등장한다.

점박이하이에나 Spotted hyena	실제로 스트레스를 받으면 웃고, 공격받은 후에 낄낄댄다. 농담이 아니다.
점박이장미돔 Spotted rose snapper	양 옆구리를 보면 아름다운 비늘 위에 커다랗고 검은 반점이 떡하니 찍혀 있다. 잡아먹으려던 포식자도, 흠모하며 지켜보는 이도 혼란스러워진다.
봄청개구리 Spring peeper	어떻게 종이 클립만 한 녀석이 그렇게 시끄러울 수 있을까?
스프링복 Springbok	더 고급스럽고 더 빠른 톰슨가젤. 놀라서 펄쩍펄쩍 뛰어다닌다.
날쥐 Springhare	설치류지만, 영어 이름은 캥거루처럼 깡충깡충 뛰는 토끼에게서 따왔다. 자외선에 비춰 보면 주황색과 분홍색으로 빛난다.
별코두더지 Star-nosed mole	물속에서도 공기 방울을 불어서 냄새를 맡을 수 있다. 별코두더지에 관한 사실 중 가장 평범한 내용이다.
스타버스트말미잘 Starburst anemone	예전에는 군체말미잘 aggregating anemone 에서 떨어져 나온 형태라고 여겼는데, 요즘에는 군체말미잘과 다르며 독립적인 개체로 여긴다.
별숨이고기 Star pearlfish	해삼 항문에 최대 15마리까지 들어가서 웅크릴 수 있다. 주택 시장 상황이

골치 아픈가 보다.

딸기말미잘 Strawberry anemone	다른 말미잘이 영역을 침범하면 쏜다. 땅에 사는 딸기는 너그럽게 영역을 공유하던데.
수마트라코뿔소 Sumatran rhinoceros	붉은 털이 무성하고 진흙밭에서 구르기 좋아한다.
끈끈이주걱 Sundew	이슬이 맺힌 듯 반짝이고 늪지에 숨어 있기 좋아한다.
수라카누에나방 Suraka silk moth	애벌레는 천연 비단실을 뽑을 수 있다. 성체는 올빼미를 흉내 낼 수 있다. 무척 창의적인 가족이다.
미국풍나무 Sweetgum tree	영어 이름이 달콤한 껌이라고 껍질을 씹으면 안 된다.
황새치 Swordfish	주둥이는 찌르는 용도보다 베는 용도에 더 알맞다. 확실히 연인보다는 싸움꾼에 더 잘 어울린다.
타키 Takhi	판가레pangaré✦ 특징과 원초적 무늬가 들어간 회갈색 털을 자랑한다. 프셰발스키말Przewalski's horse✦✦이 선보인 최신 F/W 컬렉션이다.

✦ 말의 몸에서 눈과 주둥이, 몸 아랫부분의 색이 옅은 털 무늬.
✦✦ 타키를 부르는 다른 이름.

타란툴라 Tarantula	오직 액체만 먹고 산다. 종에 따라서 지네나 쥐, 박쥐의 즙을 먹는다.
테디베어크랩 Teddy bear crab	억센 털로 덮여 있다. 몇십 년 동안 빨지 않은 어린 시절 봉제 인형이 물에 푹 젖었다고 생각해보라.
텐렉 Tenrec	뗏목을 타고 마다가스카르에 왔다. 새로운 땅에서 살아가며 등반가이자 굴 파기 전문가, 어부가 되었다. 전형적인 이민 성공 사례.
탈라소크누스 *Thalassocnus*	바다에서 바다표범과 이구아나처럼 살아보려고 했던 나무늘보. 그런데 일이 잘 안 풀렸다. 듀공과 해초를 두고 너무 치열하게 경쟁했던 탓일지도 모른다.
큰부리바다오리 Thick-billed murre	큰바다쇠오리great auk가 사라지고 없는 지금, 북반구에서 펭귄과 가장 닮은 새다. 가짜지만, 너무 가까이서 보거나 하늘에서 바라보지 않는다면 썩 그럴듯하다.
세발가락나무늘보 Three-toed sloth	대체로 주행성이다. 반대로 두발가락나무늘보는 야행성이다. 나무를 잘 지켜야 한다. 당신의 나뭇잎이 하루 24시간 내내 위협받고 있다!
틱타알릭	어떤 모습인지 잘 모르겠다고? 인근

Tiktaalik	의 차량 정비소에 가서 틱타알릭이 대략 어떻게 생겼을지 상상해보라.
티나무 *Tinamou*	집돌이. 약간 수줍음을 타고, 약간 침울하고, 편안한 곳에서 나오기 꺼린다. 먹이를 찾아 어슬렁대는 재규어가 트라우마의 숨은 원인이었을지도 모른다.
혀먹는등각류 *Tongue-eating louse*	물고기가 죽으면 집도 직장도 잃는다. 혀를 대신하는 기생충을 받아주는 곳은 별로 없다.
토피영양 *Topi*	토-피 영-양. 이걸 400번 넘게 쓰니까 정신이 나갈 것 같다.
톡소플라스마 원충 *Toxoplasmosis gondii*	고양이에게 관심이 많다. 당신의 고양이가 이 기생충을 만나지 않게 조심하라.
트리케라톱스 *Triceratops*	6천5백만 년이 지났는데도 *티라노사우루스*와 엮인 관계에서 벗어나지 못한 듯하다.
삼엽충 *Trilobite*	멸종되었지만, 잊히지는 않았다. 누구도 잊지 못하도록 어디에서나 화석이 나타나기 때문이다.
트리니다드모루가스콜피온(고추) *Trinidad Moruga scorpion*	학대를 받으며 쾌감을 느끼는 사람이 아니라면, 또 캡사이신 수용체가 없는 새가 아니라면 먹지 말 것. 혹시 둘 중

하나에 해당한다면 도전해도 좋다!

열대성 날치
Tropical flying fish

속도를 내기에 알맞은 날개 2개짜리 모델과 날아오르기에 알맞은 날개 4개짜리 모델이 있다.

투아타라
Tuatara

도마뱀 같지만, 도마뱀이 아니다. 제3의 눈이 있고 고막이 없다. 아오테아로아의 테이카아마우이$^{\text{Te Ika-a-Māui}}$+에서 다른 별난 생물과 함께 느긋하게 살아간다.

검은머리카푸친
Tufted capuchin

뭔가 엎지르면 키친타월로 닦을 줄 안다. 어지간한 십 대 청소년보다 낫다.

회전초
Tumbleweed

어슬렁거리며 인생을 보내고 슈퍼마켓에서 하프앤드하프를 마시는 듀드와 비슷한 친구. 늘 떠돌아다니고, 늘 곁에 머문다.++

터키콘도르
Turkey vulture

큰부리새^{toucan}와 달리 후각이 뛰어나다. 그래도 시리얼 제품의 마스코트로 쓰기는 어려울 것 같다.+++

+ 뉴질랜드의 북섬을 가리키는 마오리어로 마우이의 물고기라는 뜻이다.
++ 듀드는 영화 <위대한 레보스키>의 주인공이고, 하프앤드하프$^{\text{half-and-half}}$는 우유에 크림을 타서 유지방 비율을 높인 유제품이다. 영화 오프닝에 굴러다니는 회전초와 슈퍼마켓에서 계산도 하기 전에 하프앤드하프를 뜯어 마시는 듀드의 모습이 나온다.
+++ 큰부리새는 켈로그사의 시리얼 프루츠 루프의 마스코트로 냄새를 맡을 수 없다.

두발가락나무늘보
Two-toed sloth

한평생을 이 자세로 산다면, 거꾸로 된 자세라고 할 수 있을까? 관점에 따라 올바른 자세도 달라진다.

우그루나알루크 쿠욱피켄시스
Ugrunaaluk kuukpikensis

북극권 높은 곳에서 살았다. 키 9미터짜리 파충류 순록 무리를 상상해보라.

벨벳벌레잡이통풀
Velvet pitcher plant

표본 단 하나로 그 종에 관한 사실을 빠짐없이 알아내야 한다면 어떨까? 옆집에 사는 게리를 통해 인류 전체를 개괄하는 셈이다.

유리해면
Venus's flower basket

영어로는 비너스의 꽃바구니라고 하지만, 사실은 유리질 해면이다. 맞다, 그런 생물이고 이 해면으로 이루어진 암초도 있다. 바다가 어떤 곳인지 기억하라.

초모
Vinegar mother

쉽게 말해 셀룰로스로 만들어진 박테리아 파티장이다. 알코올을 식초로 바꾸는 내내 파티를 계속한다.

버지니아주머니쥐
Virginia opossum

놀랍게도 수명이 2년 정도밖에 안 될 만큼 짧다. 열정을 다해서 살다가 빨리 죽는다. 무엇이든 먹는다.

비사지황금두더지
Visagie's golden mole

하도 비밀스러워서 단 한 번만 발견되었다.

바다코끼리

아기 시기를 완전히 건너뛰는 희귀한

Walrus	동물. 태어날 때부터 수염이 잔뜩 돋아 있다.
와피티사슴 Wapiti	땅딸막하고 놀라울 만큼 시끄럽다. 가끔은 위풍당당할 수도 있다.
혹멧돼지 Warthog	가끔 줄무늬몽구스banded mongoose에게 몸을 맡기고 진드기를 잡게 한다. 안타깝지만, 미어캣이 아니라 몽구스다.[+]
워터아놀 Water anole	자체 수중 호흡기 덕분에 물속에 뛰어들어서 포식자를 피한다. 인도휴스보다 한 수 위다.
물영양 Waterbuck	"강건한 체격." "주로 한 곳에만 머물러 사는 본성." "포식 동물이 싫어하는 테레빈유 냄새." 영양에 관한 통념을 뒤집은 물영양에게 찬사를 보낸다.
와틀드자카나 Wattled jacana	날마다 아비 새는 카이만이 우글거리는 습지에서 새끼를 들어 올려 안전한 수련 잎으로 옮긴다.
앞발 흔드는 유리개구리 Waving glass frog	광고에 나온 대로 몹시 연약하다. 조심스럽게 다루어야 한다. 그냥 손을 대지 말자.[++]
웨들바다표범	적어도 범고래 한 무리가 저녁 식사로

[+] 애니메이션 <라이온 킹>에서 혹멧돼지 품바의 단짝은 미어캣 티몬이다.
[++] 유리개구리 중 사카타미아 오레유엘라 Sachatamia orejuela를 가리킨다.

Weddell seal	고르는 소시지.
서아프리카폐어 West African lungfish	숱한 넓적부리황새shoebill가 저녁 식사로 고르는 소시지.
흰토끼풀 White clover	스위스에서 토끼풀 570만 포기를 조사한 결과, 네 잎짜리가 나올 확률은 5,076분의 1이었다. 연구진은 조사를 마치고 좀 쉬어야 했겠다.
작은뿔표문쥐치 Whitemargin unicornfish	빤히 쳐다보지 마세요. 버릇없는 행동이에요.
금사연 White-nest swiftlet	누구나 예술을 원하지만, 예술가는 원하지 않는다.
흰점꺼끌복 White-spotted pufferfish	2014년에 국제종탐사연구소International Institute for Species Exploration에서 '10대 새로운 생물종'으로 선정했지만, 집을 짓느라 바빠서 상을 받으러 가지 못했다.
흰꼬리사슴 White-tailed deer	현실 속 아기사슴 밤비. 다만 진드기와 말파리가 더 많다.
멧돼지 Wild boar	억세고 거친 돼지. 엄니로 들이받을지도 모른다.
아이벡스 Wild ibex	(히말라야에 사는 아이벡스) 억세고 거친 염소. 뿔이 멋지다.
야생 겨자	채소이자 기름이자 양념. 슈퍼푸드의

Wild mustard	원형.
누 Wildebeest	얼룩말과 사이가 아주 좋다. 이건 결코 쉬운 일이 아니다.
청록색난쟁이도마뱀붙이 William's dwarf gecko	지나치게 화려하다. 애완동물 업계는 가재든 도마뱀이든 차가운 초록빛이 도는 파란색을 너무 좋아한다.
늑대 Wolf	알파 늑대는 존재하지 않는다. 외로운 늑대는 가정을 꾸리기를 간절하게 바란다. 가장 사교적이고 협동심이 강한 갯과^{canidae} 동물을 둘러싼 낡고 근거 없는 믿음은 버리자.
울버린 Wolverine	확실히 혼자 지내는 편을 더 좋아한다. 늑대를 무서워한다. '스컹크곰'이나 '고약한 고양이'로도 불린다.
웜뱃 Wombat	오스트레일리아의 빵 덩이 같은 털북숭이. 작은 크기와 중간 크기가 있다. 똥이 네모나다.
황색마치종 Yellow dent corn	액상과당을 만드는 옥수수. 직접 먹는 게 아니라 식품을 통해 간접적으로 엄청나게 먹는다.
노란엉덩이잎귀쥐 Yellow-rumped leaf-eared mouse	높이 6,700미터 화산의 바위와 얼음 한가운데 단 하나의 강인한 쥐를 위한 고독의 요새가 있다.

노랑뒷날개나방 Yellow underwing moth	질풍노도의 사춘기를 겪을 때는 주변의 풀줄기를 모조리 베어버린다. 날개를 얻고 나면 차분해진다.
노란배거북 Yellow-bellied slider	가끔 붉은귀거북과 짝짓기한다. 안타깝지만, 주황색 새끼가 태어나지는 않는다.
설인게 Yeti crab	네스호의 괴물과 추파카브라[+], 모스맨[++]을 합친 것보다 증명된 목격담이 더 많다.
유카탄미니돼지 Yucatan mini-pig	그렇게 작지는 않으며, 몸무게도 사람과 비슷하다. 코골이가 엄청나다.
얼룩말 Zebra	시각 접근성을 위한 디자인: 고전적 예시로 알아보기.
얼룩말상어 Zebra shark	어릴 때는 줄무늬가 있고, 자라면 반점이 생긴다. 하지만 다 자라서 이름을 바꾸기란 어렵다. 표범상어나 재규어상어, 파자마상어로도 불린다.

[+] 아메리카의 흡혈 괴생명체.
[++] 나방과 인간의 모습이 합쳐진 괴생명체.

감사의 글

이 책의 각 에세이를 처음 게재한 간행물에 감사드립니다. 일부 에세이는 새롭게 다듬어서 이 책에 수록했습니다. 《아그니AGNI》에는 <완전한, 지구Utter, Earth>를, 《걸프 코스트 온라인Gulf Coast Online》에는 <차선이 최선이다>를, 《플레이아데스Pleiades》에는 <온기가 있어야 집이다>를, 《프레젠트 텐스Present Tense》에는 <땅속으로 내려가기>(기존 제목은 '10분의 9'), 센터 포 휴먼스 앤 네이처Center for Humans and Nature에는 <완벽한 파티 손님>(기존 제목은 '완벽한 파티 손님 고르기')과 <꿈 포기하기>를, 《더 호퍼The Hopper》에는 <고대의 이상야릇한 생명체가 전하는 지혜>를, 《더 윌로허브 리뷰The Willowherb Review》에는 <네, 아기 이름을 짓지 않고 퇴원해도 괜찮습니다>를, 《와일드니스Wildness》에는 <뭉치면

살고 흩어지면 죽는다〉를 실었습니다.

　이 책의 제목이자 중추가 될 에세이를 쓰는 데 도움을 준 《아그니》 편집자 빌 피어스와 제니퍼 앨리스 드루에게 감사드려요. 이 책이 2023년 푸시카트상 앤솔러지에 들도록 추천한 데이비드 네이먼에게도 고맙습니다.

　이 프로젝트를 시작할 공간을 마련해준 얀 미칼스키 재단Jan Michalski Foundation과 프로젝트를 완성할 시간을 마련해준 한자지식연구소Hanse-Wissenschaftskolleg에 감사한 마음을 전합니다. 자금을 지원한 베를린의 아카데미 데어 퀸슈테Akademie der Künste와 노이스타르트 쿨투어NEUSTART CULTUR 프로그램에도 고맙습니다. 캐나다의 비티 생물 다양성 박물관Beaty Biodiversity Museum은 지구에 한때 존재했고 지금도 번성하고 있는 기묘하고 경이로운 생명을 소개했습니다. 고마운 마음을 영원히 잊지 못할 거예요.

　브레드로프 환경 컨피런스Bread Loaf Environmental Conference와 오라이언 오메가 환경 컨퍼런스Orion Omega Environmental Conference 주최 측에 감사드립니다. 덕분에 자연을 주제로 글을 쓰는 작가 공동체와 소통할 수 있었습니다. 각 컨퍼런스에서 만난 크레이그 차일즈와 메건 메이휴 버그먼은 통찰력으로 저를 이끌어주었고, 글쓰기를 계속하라며 신뢰를 보내주었습니다.

이 별난 프로젝트를 처음부터 믿어준 에이전트 아킨 아킨우미Akin Akinwumi와 소형 출판사의 챔피언 데릭 크리소프Derek Krissoff에게도 고맙습니다. 수년 동안 책임감과 연대를 보여준 사이먼프레이저대학교 사우스뱅크 문예 창작 프로그램의 친구들에게도 고맙다는 인사를 보냅니다. 어떤 창작 활동이든 조건 없이 지원하는 엄마와 잭에게도 진심으로 고맙습니다.

내 삶과 문학 생활의 반려인 미케일라 비저, 내 아이디어를 들어주고, 내 글을 가장 먼저 읽고, 나의 가장 큰 팬이 되어줘서 고마워요.

Utter,
Earth

지은이

아이작 유엔
Isaac Yuen

캐나다의 홍콩계 이민 1세대 작가이자 에세이스트로, 자연과 환경을 주제로 한 문학적 에세이를 집필한다. 자연과 서사의 관계를 탐구하는 블로그 'Ekostories'를 운영하며, 《타호마 문예 리뷰Tahoma Literary Review》에서 소설 부문 부편집자로 활동하고 있다. 또한, 독일 베를린의 퍼블릭 아트랩Public Art Lab에서 '자연 글쓰기Living Libraries' 프로젝트의 문학 컨설턴트로 참여 중이다.

이 책은 그의 대표 저서로 자연, 생태계, 인간과 비인간 세계의 관계를 유머와 문학적 감각으로 탐구한 에세이집이다. 일부 에세이는 푸시카트상Pushcart Prize 2023 베스트 컬렉션에 선정되었으며, 《아그니AGNI》, 《걸프 코스트Gulf Coast》, 《오리온 매거진Orion Magazine》, 《셰넌도어Shenandoah》, 《틴 하우스Tin House》 등 다양한 문학·예술·환경 잡지에 게재되었다. 또한, 그의 글은 《미국 최고의 과학 및 자연 글쓰기Best American Science and Nature Writing》(2017)에서 '주목할 만한' 작품으로 선정되기도 했다.

그는 스위스 얀 미칼스키 재단Jan Michalski Foundation for Writing and Literature과 독일 한자지식연구소Hanse-Wissenschaftskolleg에서 특별 연구원으로 활동한 바 있다. 문학적 스타일은 어슐러 르 귄Ursula K. Le Guin의 철학과 서사 구조에서 영향을 받았으며, 과학적 탐구와 시적 감성을 결합한 독특한 문체로 환경 보호와 생태학적 사고를 문학적으로 풀어내는 것이 특징이다.
아이작 유엔은 자연과 비인간 세계의 경이로움을 문학적으로 탐구하며, 독자들에게 새로운 시각을 제시하는 작가로 평가받고 있다.

옮긴이

성소희

서울대학교에서 미학과 서어서문학을 공부했다. 글밥아카데미 수료 후 바른번역 소속 번역가로 활동 중이다. 옮긴 책으로는 《얼음과 불의 탄생, 인류는 어떻게 극악한 환경에서 살아남았는가》, 《지도로 보는 인류의 흑역사》, 《사라져가는 장소들의 지도》, 《땅의 역사》, 《여신의 역사》, 《하버드 논리학 수업》 등이 있으며, 철학 잡지 《뉴 필로소퍼》 번역진에 참여하고 있다.

지구를 여행하는 히치하이커를 위한 안내서

초판 1쇄 발행 2025년 5월 20일
초판 2쇄 발행 2025년 8월 10일

지은이 아이작 유엔
옮긴이 성소희

발행인 정동훈
편집인 여영아
편집국장 최유성
책임편집 양정희
편집 김지용 김혜정 조은별
마케팅 정현우
표지디자인 스튜디오 글리
본문디자인 홍경숙

발행처 (주)학산문화사
출판등록 1995년 7월 1일 제3-632호
주소 서울특별시 동작구 상도로 282
전화 (편집) 02-828-8834 (마케팅) 02-828-8801
이메일 allez@haksanpub.co.kr
인스타그램 @allez_pub

ISBN 979-11-411-6250-4 (03400)

알레는 (주)학산문화사의 단행본 브랜드입니다.

- 잘못 만들어진 책은 구입하신 곳에서 바꾸어 드립니다.
- 값은 뒤표지에 있습니다.
- 전화 문의는 받지 않습니다.